作者简介

Bobbi Brown（芭比·布朗），现生活在美国新泽西，是著名的国际彩妆大师、时尚专家，彩妆品牌Bobbi Brown的创始人。该品牌已经在全球拥有超过一千家门店。

内容简介

彩妆大师及企业家Bobbi Brown（芭比·布朗）相信，化妆可以让女人更加自信。她也知道真正的美，不仅仅流于表面，而应该发自内心。从本书中你能够获得Bobbi独到而全面的美容秘方。她的美丽建议从内部开始：

- 健康饮食和保健品
- 运动和锻炼，以及能量食品
- 专注力、冥想和睡眠
- 从生活中获得自信

然后，Bobbi转而关注我们的外表。从下列内容入手，让你由内到外散发出美丽的光芒：

- 护肤产品和日常护理程序
- 最前沿的美容护理方法
- 日常化妆技巧
- 最新潮的妆容及化妆步骤

本书同时还囊括了超模及时尚专家Elle Macpherson（艾勒·麦克弗森）、健康专家Frank Lipman（弗兰克·李普曼）博士、著名演员Olivia Munn（奥利维亚·穆恩）、奥运明星Gabby Reece（加贝里斯）、明星博主Hannah Bronfman（汉娜·布朗夫曼）、健身教练及营养学家Harley Pasternak（哈里·巴斯特纳克）、护肤专家Tracie Martyn（特雷西·马丁）、营养专家Tricia Williams（崔莎·威廉姆斯）等诸多领域的专家的建议。

本书包含的美容养颜食谱、Bobbi推荐的健身项目和瑜伽系列动作、最前沿的健康疗法、正念练习、基础护肤程序，以及为你量身定制的美丽妆容技巧等，必将成为你的美容宝典。

beauty from the inside out

你，可以更美

裸妆皇后芭比 · 布朗的美丽宝典

[美] 芭比 · 布朗◎著　赵蓓◎译

古吴轩出版社
中国 · 苏州

图书在版编目（CIP）数据

你，可以更美：裸妆皇后芭比·布朗的美丽宝典 / (美) 芭比·布朗著；赵蓓译. — 苏州：古吴轩出版社，2019.7

书名原文：Beauty From the Inside Out

ISBN 978-7-5546-1291-0

Ⅰ. ①你… Ⅱ. ①芭… ②赵… Ⅲ. ①美容—基本知识 Ⅳ. ① TS974.1

中国版本图书馆 CIP 数据核字（2019）第 031263 号

责任编辑：蒋丽华
见习编辑：沈师仔
策　　划：姜舒文
装帧设计：胡椒书衣

书　　名：你，可以更美：裸妆皇后芭比·布朗的美丽宝典
著　　者：[美] 芭比·布朗
译　　者：赵　蓓
出版发行：古吴轩出版社
地址：苏州市十梓街458号　　邮编：215006
Http：//www.guwuxuancbs.com　　E-mail：gwxcbs@126.com
电话：0512-65233679　　传真：0512-65220750
出 版 人：钱经纬
经　　销：新华书店
印　　刷：天津联城印刷有限公司
开　　本：965×635　1/12
印　　张：17.5
版　　次：2019年7月第1版　第1次印刷
书　　号：ISBN 978-7-5546-1291-0
著作权合同登记号：图字10-2018-439
定　　价：88.00元

如发现印装质量问题，影响阅读，请与印刷厂联系调换。022-29937958

前言

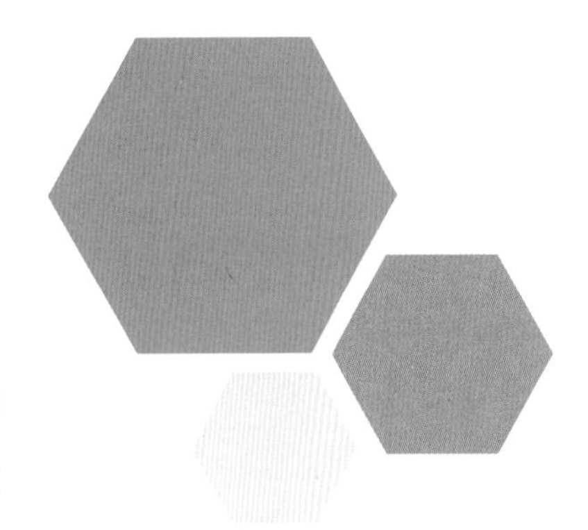

我向来坚信美是从内而外散发出来的。你的美丽是健康体魄的外在表现，如果你注重饮食健康，多喝水，并且经常锻炼身体，就会显得神采奕奕、容光焕发，也会对自己的皮肤充满自信。

但我们在日常生活中总会遇到诸多烦恼。当你感到焦虑、在外奔波、熬夜或内分泌失调时，精神面貌看起来就不会很好。我自己就经常遇到这些情况。这就是为什么正确的护肤和美丽的妆容可以帮助人们恢复自信。在保持美丽方面，我更注重肌肤的健康和其自然的光泽。

每个人对健康和美丽的追求都有所不同。因此，我写了这本书，为大家提供我自己的一些经验，并为大家介绍一些相关的美容产品和护肤技巧，期待从内在开始成就你的美丽。

目 录

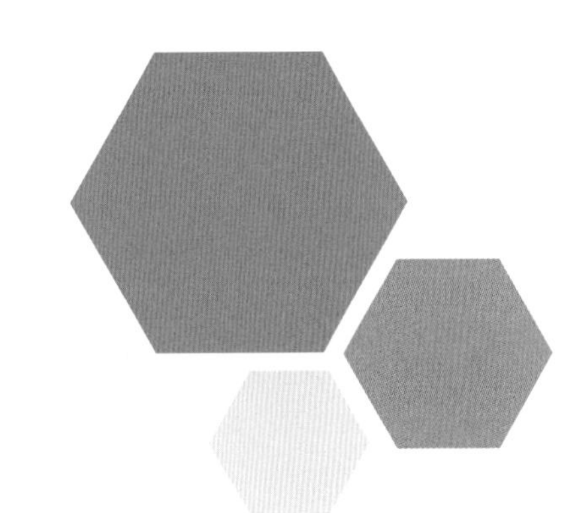

1. 美容食品 1

2. 健身 57

3. 冥想 77

4. 自信让你更美丽 89

5. 肌肤保养 117

6. 基础妆容 143

7. 美丽妆容 171

1 美容食品

处理美容与饮食之间的关系并不是我所擅长的。二十世纪八十年代到九十年代，我特别崇尚健康饮食。当时我收集了许多饮食方面的书籍，深信每个人都有适合自己的健康食谱，并能借此保持完美的体型，这些食谱包括贝弗利山庄食谱（只在中午之前以水果为食）、普里蒂金食谱（以无脂肪食物和全谷物为主）、斯卡斯代尔食谱（以牛排和鸡蛋为主）以及阿特金斯食谱（以肉、熏肉和奶酪这些高脂肪食物为主，几乎没有水果或蔬菜）。我的目标是迅速减肥，但是吃那些不健康的食物非但没能让我如愿，反而让我感觉更糟了。

我开始意识到是自己的饮食结构让我变得迟钝和臃肿，所以当我不再吃饼干、面包和意大利面以后，立刻就感觉好多了。饮用大量的水也让我感觉很舒服，于是我开始注意每天至少喝8杯水。新鲜简单的食物有利于消化，于是我开始吃蒸的蔬菜，上面只撒一点点上好的橄榄油，偶尔搭配一些不太甜的水果。不久，我的精力变得更加充沛，注意力也更加容易集中。我的皮肤看起来更健康了，视力也更好了。我想，我做的这些都是正确的。

我抛弃了减肥书籍，开始阅读有关健康和保健的书籍，我发现，医生、按摩师、营养师都特别注重全身健康。从那以后，我改变了自己的生活方式，更加关注自身的调养。外出就餐也总是挑那些食材新鲜的餐馆。在家里，我可以用营养丰富的食材做一顿简单、快捷的饭菜。健康的食物不仅可以饱腹，还能美容养颜。

基础的美容食物是新鲜的蔬菜和水果，它们不仅能够为人体提供能量，还能为肌肤提供优质脂肪，比如ω-3脂肪酸和优质蛋白质。坚持营养丰富的均衡饮食，你自身的感觉会越来越好，看上去也会越来越健康美丽。

超级美容食品

健康的食物不仅能够为你提供能量，预防疾病，帮你维持健康，还能让你容光焕发。只要坚持吃营养丰富的食物，你就会看到不同。

营养学家Charles Passler（查尔斯·帕斯勒）博士教了我很多关于食物和健康的知识。我请他为我们分享了他的美容食品清单，并为大家列举出健康组织认可的、构成人体必不可少的营养成分。脂肪和蛋白质为人体组织的健康发育提供必要的营养，尤其是胶原蛋白，这是一种被称为抗氧化剂的营养物质（如维生素A、维生素C、维生素E、锌和硒），它能够帮助人体抵抗由自由基和过度阳光照射造成的伤害。Passler博士解释说："选择有利于消化的食物也非常重要。如果消化系统无法很好地分解、吸收食物并排出废物，你就不可能拥有健康的眼睛、头发、指甲和皮肤。"

Passler博士指出，合理地补充水分、保持充足的睡眠和运动是保持美貌的关键。"如果没有合理地补充水分，你的身体细胞就不可能健康而充满活力。"他解释说，"出汗是保持毛孔清洁的一个好方法，它能够保证你的血液循环的通畅，使每个细胞都得到充足的营养。大多数细胞愈合、修复和分解毒素都是在睡眠过程中完成的，因此，充足的睡眠非常重要。"

Passler博士的超级美容食品如下。

深绿色叶菜类蔬菜

羽衣甘蓝、苜蓿和菠菜都对皮肤有益。它们富含抗氧化剂，能帮助人体产生胶原蛋白。

红色蔬菜

西红柿、红辣椒和甜菜富含番茄红素，有助于生成胶原蛋白，可以帮助细胞抵抗自由基和过度阳光照射所造成的伤害，因此，它们是天然的“防晒霜”。

根茎类蔬菜

维生素A能够帮助细胞愈合和修复。维生素A在根茎类蔬菜中含量很高，比如山药、甘薯和胡萝卜等。

浆果

黑色浆果富含抗氧化剂，如蓝莓、覆盆子等，能帮助人体产生更多的胶原蛋白。

柑橘和热带水果

柠檬、酸橙、葡萄柚、橘子、芒果、番石榴和木瓜都富含具有抗氧化作用的维生素C，能保护细胞免受自由基的侵害。它们在胶原蛋白的形成中也起着一定的作用。

鳄梨

鳄梨富含健康的脂肪、植物纤维、植物营养素和抗氧化剂。抗氧化剂对人体具有保护作用。植物纤维对保持消化系统健康具有重要作用。

南瓜子

这些种子的锌含量高，能对细胞膜起到保护作用，并有助于胶原蛋白的产生。

杏仁

这种坚果富含具有抗氧化作用的维生素E，对保持肌肤的光滑和健康至关重要。它们也是优质蛋白质的来源之一。

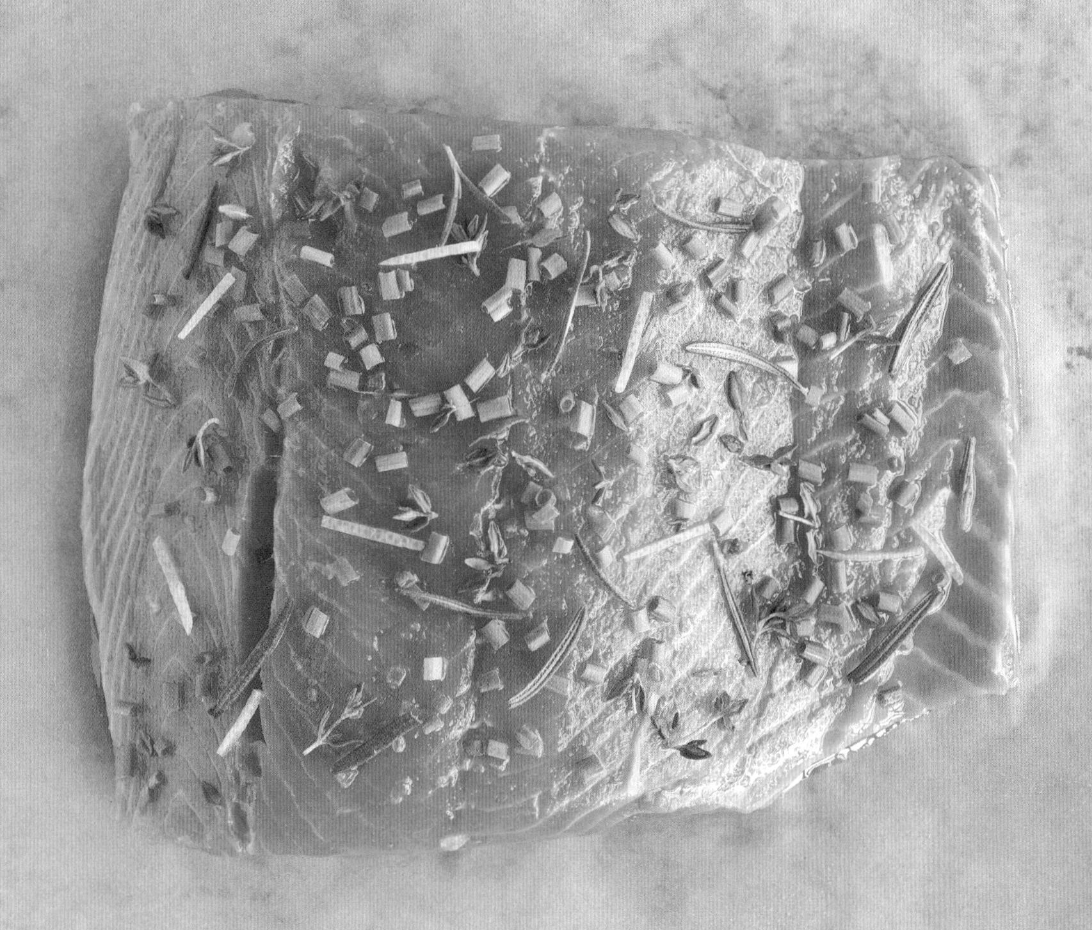

鱼油

野生阿拉斯加三文鱼和沙丁鱼都富含 ω-3脂肪酸，通过作用于皮肤细胞周围的保护性脂肪膜使机体细胞变得更加坚固。对于不吃鱼的人来说，亚麻籽和辣椒种子是 ω-3脂肪酸的良好替代来源。

鸡蛋

鸡蛋富含蛋白质和脂肪，有助于产生胶原蛋白。鸡蛋也是维生素A的优质来源，有助于细胞修复和新生。煮熟的鸡蛋，尤其是蛋黄，能为人体提供保持头发和指甲健康必不可少的营养元素。

发酵食品

酸菜、泡菜和酸奶等发酵食品，能够改善人体的消化系统，帮助吸收营养物质，排出毒素，减少炎症，改善免疫功能，调节激素水平，保持眼睛、头发、指甲和皮肤的健康。健康的消化系统也有助于保持健康的体重。

色彩鲜艳的食物

我喜欢色彩鲜艳的物品，因此很容易对充满活力色调的水果和蔬菜着迷。有趣的是，食物的颜色越鲜艳，食物一般就越健康。营养丰富的美容食品以浓郁的红色、丰富的紫色和粉红色、厚重的深绿色、鲜艳的黄色和橙色以及强烈的蓝色为主。下次当你在农贸市场或杂货店购物时，让色彩引导你吧。在你搭配食物时，最好将各种颜色的食物放在一起吃。每一个颜色组合都含有不同的营养成分，因此，你吃到的食物色彩越丰富，膳食就越均衡。开动脑筋创造包含各种颜色和口感的菜品吧。

我的美容食品秘诀

我花了许多年的时间寻找到了既能让我精力充沛，同时又能美容养颜的最佳食品。我喜爱那些新鲜的时令食材，也喜欢在农贸市场采购食材，或者从花园里挑选自己种的西红柿、甘蓝、黄瓜、西葫芦和许多新鲜草药。

苹果醋

这是一种几乎每家厨房都会常备的调味品，也可以作为一种保持健康和美容的食品。它能减轻腹胀，净化皮肤，使身体呈弱碱性状态。食用的时候只需要将一小汤匙苹果醋溶入一杯水中饮用即可。

浆果

蓝莓、黑莓和树莓富含植物纤维和抗氧化剂。它们的口感很甜，足以满足你对糖的渴望。我总是在它们上面洒上肉桂粉来制作我最喜欢的甜点。

亚麻籽、大麻籽、芝麻

我喜欢将这些食物加入各种冰沙、燕麦粥和甜点中。它们富含蛋白质、植物纤维和 ω–3 脂肪酸。

补水食材

常吃一些含水量高的食物可以有效地对皮肤进行补水。黄瓜的含水量高达96%。还有其他一些含水量超过90% 的食物，比如西红柿、西瓜和萝卜。

绿色营养粉

将一勺绿色营养粉与一杯水混合并食用，是开启你活力四射的一天的好方法。它可以帮助人体制造偏碱性的体内环境。我最喜欢的营养粉是WelleCo（威乐扣）的碱化果蔬和绿豆粉，它们能有效地为我补充能量，而且每天可以搭配不同的食材，比如麦草、蒲公英叶、小球藻和豆芽等。

有机蛋白粉

食用这种非常纯净的蛋白粉对我来说是一种享受。我把它放在摇瓶里，加入水、椰浆或杏仁牛奶一起食用。我还制作过一种加入了蛋白粉的热可可和热巧克力：将椰奶、可可粉、肉桂粉和一个磨成粉的红辣椒摇匀饮用。Tera（特拉）的蛋白粉是我的最爱。

蔬菜

蔬菜在食谱中占据了重要位置。我每天吃大量的沙拉，也会将生蔬菜作为零食，或者吃一些清蒸蔬菜。我将冷冻菠菜和羽衣甘蓝（含有抗氧化剂和植物纤维）加入早餐冰沙中。当下午需要提神醒脑时，我会喝上一杯绿色果汁。它的效果比咖啡因强多了。

水

水是你的身体、大脑和保持美貌的魔药。当你每天喝了足够量的水时，你的皮肤看起来就会更滋润娇嫩。水还能帮助你排出体内的毒素，让你的肌肤看上去更健康。

柠檬

将柠檬汁加入饮用水中并食用可以塑造身体的碱性环境。柠檬中富含维生素C，它能增强人体的免疫力。每天早餐前，将半个柠檬挤到一杯水中并饮用，可以让你整天都有好状态。

薄荷

薄荷在帮助消化的同时还能让人头脑清醒、神清气爽。薄荷的口感清新，可以泡水，也可以洒在水果上或加入冰沙里。

椰子油

椰子油富含有益身体和皮肤健康的饱和脂肪，还有消炎的功效。可以将它加入冰沙里、烹煮的食材中，或者每天喝一勺。

吃出美貌：营养图谱

了解各种食材所含的营养素可以帮助你均衡饮食。你也可以通过食用富含所需营养素的食物来解决各种肌肤问题。为了了解这些具有美容养颜功效的主要维生素和矿物质，我特意请教了健康顾问Linda Arrandt（琳达·阿兰达）和营养学及碱性饮食专家Daryl Gioffre（达瑞尔·加夫拉）。

营养素	功效	富含该元素的食物
类胡萝卜素	富含色素和维生素A，影响皮肤的颜色，让人体由内而外地散发出自然健康的光彩	红辣椒、南瓜、胡萝卜、杏、哈密瓜、甘薯、花椰菜和绿叶蔬菜
番茄红素	增强皮肤天然的防晒因子	西红柿、西瓜、粉红葡萄柚和红辣椒
钾	是一种中和毒素以及酸度所必需的矿物质，也可以减轻浮肿	香蕉、甜菜、红薯、鳄梨和熟扁豆
维生素A	帮助细胞修复和更新，让皮肤保持年轻与活力。维生素A对眼睛也很好。每个人的视力一般在40岁后都开始下降，因此需要多补充维生素A	红薯是获取维生素A最好的食物来源，其次是胡萝卜、南瓜、羽衣甘蓝和菠菜

续表

营养素	功效	富含该元素的食物
维生素 B_2（核黄素）	促进新陈代谢，消除炎症，保持眼睛健康	羊肉可以提供100%每日所需的维生素 B_2。杏仁、鳄梨、甜菜和蘑菇也是很好的获取来源
维生素 B_7（生物素）	保持头发和指甲的健康和强韧。如果你正在脱发，补充维生素 B_7 可能会有所帮助	杏仁、红薯、蛋黄和鳄梨
维生素 B_9（叶酸）	促进头发生长和细胞愈合	鹰嘴豆是最好的获取来源，其次是扁豆、平菇和芦笋
维生素C	促进胶原蛋白的产生，有效保持皮肤光泽	橙子、柚子、猕猴桃、菠菜、红辣椒、青椒、布鲁塞尔芽菜（抱子甘蓝）和哈密瓜
维生素E	有效抵抗衰老，有助于保持青春，使肌肤水润有弹性，并且让头发锁住水分。它还是一种高效的抗氧化剂，有助于治愈痤疮和疤痕	葵花子、杏仁、榛子、菠菜、芦笋和鳄梨
维生素K	增强骨密度，有助于血液凝结，增强血管柔韧度	菠菜、蒲公英叶、羽衣甘蓝、花椰菜和布鲁塞尔芽菜
锌	有助于防止皮肤皲裂，保持皮肤清洁，增强免疫力	扁豆、南瓜子和芸豆

美容美发食品

有很多食物会让你更加健康，也有许多食物对健康有害。“如果我们经常食用含糖或面粉类的食物，身体就会分泌过多的胰岛素，使体内储存大量脂肪，导致体重增加，荷尔蒙失调，患上PMS（premenstrual syndrome，经前综合征）、子宫肌瘤和子宫内膜异位等病症。”Parsley（帕斯利）健康中心的Robin Berzin（罗宾·贝尔金）博士解释说，“你还会因为氧化导致DNA损伤，也就意味着细胞内部的损伤，进而使衰老速度变得更快。”幸运的是，均衡的饮食可以使时光倒流。“如果你吃富含植物纤维和所有这些植物营养素的食物，你的身体就会产生抗氧化剂。”Berzin博士说，“它可以帮助修复你的身体损伤，让你看起来更加年轻。”

下列是一些不利于健康的食物。

加工食品：大多数加工食品都含有大量的防腐剂、人工色素、乳化剂等化学添加剂。“所有这些都对身体有害，会破坏我们的内分泌系统和脂肪酸代谢功能。脂肪酸对保持皮肤光泽非常重要。”Berzin博士解释说，“当你吃加工食品时，你的身体会因为不断尝试分解食物中的化学物质而过度工作，无论是你的表现还是自己的感受都会变差，睡眠质量和消化能力也都会下降。”加工食品不可能为你提供均衡膳食所需要的所有维生素和矿物质。一旦你被这些劣质食品填饱，便失去了从天然食物中获取能量的机会。

盐：盐对人体的影响几乎是立见分晓的。一顿含盐量很高的饭菜会让你第二天醒来时身体浮肿，尤其是眼睛周围。吃过量的盐不仅影响你的脸部，还会让体内的水分滞留。快餐、加工食品和咸味小吃都是罪魁祸首。此外，罐头汤、沙拉酱和面包也含有大量的盐。

苏打水：苏打水所含的营养成分较少。苏打水中含有很多的糖或化学甜味剂，这些物质都会导致分泌过多胰岛素。为了有效补水并排出毒素，你应该多饮用纯净水。你会发现，摒弃苏打水会让皮肤变得更加水润。

糖：不论是白砂糖、高果糖还是玉米糖浆，它们都会对身体造成严重损害。糖会让人严重上瘾，致使血糖升高，从而带来内分泌失衡等诸多健康问题。糖与癌症、糖尿病和肥胖症等多种疾病有关，它会破坏肠道健康，导致不利健康的各种细菌的滋生，它还会破坏胶原蛋白和弹性蛋白，加速皮肤老化。你可以尝试用椰子糖作为替代品，因为它相对较健康。当然，最好能减少糖的摄入量。

精制面粉：研究表明，大部分面包和烘焙食品中的面粉并没有很多营养，食用后还会导致血糖急剧上升。如果你想吃更健康或偏碱性的食物，请注意控制面粉的摄入量，因为它会让你的身体呈酸性状态。建议你尝试用燕麦或杏仁粉代替面粉。

关于酒精

我喜欢时不时喝上一两杯鸡尾酒，自我感觉对健康没有什么损害。为了弄清酒精摄入量究竟控制在什么范围对人体是无害的，我专门咨询了纽约食品培训公司的创始人Lauren Stayton（劳伦·斯坦）。

对健康最有益的酒类：烈酒（龙舌兰、伏特加和苏格兰威士忌），因为它们含糖量较低。

喝多少不损害健康：女性不超过1天1杯，男性不超过1天2杯。如果你正在控制体重，应该适当减少到1周不超过4杯（女性），或一周不超过7杯（男性）。

怎样将酒精的影响降到最低：原则上，饮用时酒精和水的比例应为1：1，即在享受每一杯鸡尾酒之前先喝一杯水。

避免宿醉：由于酒精会损耗你的身体，造成维生素、矿物质和水分的流失，所以饮酒的同时要注意及时补充这些营养成分。如果你希望饮酒之后的第二天感觉不那么难受，最好采取以下措施：喝一大杯椰子水，及时补充复合维生素B，再吃一点草莓以补充维生素C。饮酒后的第二天吃一碗加入姜片的骨头汤也是非常有效的，因为它含有丰富的胶原蛋白和矿物质。

人体需要脂肪

并非所有的脂肪都是对你有害的。事实上，健康的脂肪可以让你的皮肤看起来年轻、富有弹性。许多食物都含有健康脂肪，比如坚果、鱼类和许多类型的油。脂肪还能有效滋养身体，延长寿命。我从营养师Tricia Williams（崔莎·威廉姆斯）那里学到了很多关于养身以及健康饮食的知识。我请Tricia为我们分享了关于优质脂肪的食物来源的知识。

动物脂肪：现在的人们更倾向于传统的饮食文化。用鹅油和牛油进行烹饪有助于维持健康。鹅油富含油酸，有助于滋养皮肤。牛油富含共轭亚油酸，它已被证明可以减小患心脏病和癌症的风险。牛油还含有大量维生素A和维生素E，也是获得ω-3脂肪酸的重要来源。

椰子油：椰子油是一种滋养身体的好材料。它含有中链脂肪酸，也就是说它可以在烹饪中加热时保持稳定（不像橄榄油）。这种美味的油脂很容易被小肠吸收，与其他脂肪相比能提供更多的能量。它具有抗病毒、抗菌和增强免疫力的功能。

ω-3脂肪酸：它是由内而外美容的关键，具有消炎杀菌的功效，可以减少皮肤表面的炎症。它还能够锁住肌肤水分，减缓衰老。主要食物来源是野生鲑鱼、鳄梨、核桃和奇亚籽。

肉类（优质饲养）：优质牧草饲养的动物肉类是健康脂肪的良好来源。如果你能从肉类中获取不含抗生素的脂肪，就能够获得较多营养，提高身体素质，获得强健的体魄。Williams说：“健康肉类包括优质羊肉、野牛肉、牛肉、鸡肉和鸭肉。我们不一定全部食用瘦肉，少量的脂肪对人体更好。”

坚果和籽油：食用这些植物油可以让你看起来更年轻。我喜欢富含维生素K和维生素E的油脂，比如杏仁油、澳洲坚果油和葡萄籽油。

橄榄和橄榄油：它们富含的维生素A和维生素E，对肌肤来说非常重要。它们能够增强身体中的结缔组织，有助于抵抗紫外线辐射，改善皮肤状况。

保健品

要想让自己拥有强壮的骨骼，健康的肌肤、头发、指甲和牙齿，就应该从健康的饮食开始。虽然保健品对人体有益，但千万别指望依靠保健品来弥补有害健康的坏习惯所带来的危害，只能将它们作为健康饮食和良好生活方式的补充，帮助你更加容光焕发、活力四射，并且解决一些如痤疮或脱发之类的美容问题。

专家们关于保健品的看法众说纷纭：一些专家认为它们非常重要，另一些则不这么认为。网络上的各种相关资讯让人摸不着头脑，在这里，我尽量简洁地阐述一下我的观点。对于保健品，我基本上持肯定态度，因为它们提供人体所缺乏的，但又难以从食物中直接获得的营养素。我自己平常会补充鱼油、益生菌和维生素 D_3。鱼油中的 ω-3 脂肪酸和益生菌可以促进肠道健康，帮助改善和预防皮肤问题，增加皮肤弹性，促进毛发生长，甚至可以减少皱纹的出现。维生素 D_3 是预防思维衰退和心脏病的最好的营养素。复合维生素 B 有助于缓解压力，为人体补充能量，改善情绪，增强大脑功能，但它不会在人体内自我合成，必须从外界补充。如果你需要改善睡眠质量，尝试补充镁吧，它能够调节神经系统，放松情绪，促进褪黑素（一种促进睡眠的激素）的形成。

在你开始使用保健品之前，请先咨询医生或营养师并听取他们的建议。怀孕或服用其他药物期间，也需要寻求专业人士的帮助，根据你身体的具体状况调整保健品的用量。

肠道健康

医生和营养学家一致认为肠道健康与人体的健康有着直接的联系。肠道问题往往会引发免疫系统及脑部问题，还会引起腹胀以及皮肤问题（因为皮肤是人体最大的器官）。碱性食物专家、营养师和脊椎按摩师Daryl Gioffre说："当客户出现皮肤问题时，我们必须先解决他的肠道问题。"由于滥用抗生素（一种会将体内的好细菌和坏细菌同时杀死的激素）、不健康的饮食习惯和杀虫剂的影响，肠道问题比你想象的更加常见。幸运的是，让你的皮肤恢复正常也比你想象的更加容易。我们可以从益生菌和益生元的结合使用开始。Gioffre在这里为大家推荐了一些有益肠道健康的物质。

益生菌

你所吸收的物质决定了你的健康。你可能吃得很健康，但如果你的消化系统处于酸性状态或有炎症，身体就无法吸收食物中的营养成分，从而导致有炎症、真菌感染、有害细菌的过度生长和引起肠漏症。当消化道中的毒素和酸进入你血液中时，身体便会采取相应的措施将它们排出体外，其中的一条途径就是通过皮肤排毒，引发痤疮、银屑病、皮炎和湿疹，还可能导致皮肤下垂并产生皱纹、雀斑、痣和疱疹。如果你具有上述某些皮肤问题，就需要摄入益生菌、叶绿素、矿物质和ω-3脂肪酸来对肠道环境进行调节。

杀虫剂、除草剂、处方药和抗生素等都会破坏体内的健康菌群，对健康产生极大的影响。许多人缺乏身体需要的健康菌群，因此必须服用益生菌。每天服用两次含益生菌的保健品，会取得立竿见影的效果。胶囊或液体形式的益生菌补充剂都很好。虽然一些医生会向你推荐酸奶和康普茶，但我认为它们只会增加身体的酸性程度，而无法提供足够的健康菌群。

要特别注意的是，益生菌产品在被人体摄入后，其菌落形成单位（CFU，Colony-

Forming Units）的数量会显著减少。这是由于体内的温度和水分会导致大量益生菌的死亡。因此，最好选择CFU为190亿～200亿的益生菌产品。活性益生菌还需要冷藏以保持活性。另外，每隔90天需更换一次益生菌产品，以保证你的身体能够获得所需要的所有必要的菌种。经常变换摄入的菌群有利于消化道的吸收。

益生元

益生元是一种特殊的营养物质，它不会被人体消化，因此可以用它来滋养消化道中的有益细菌，帮助它们茁壮成长。含益生元的食物大都为绿叶碱性蔬菜，如甘蓝、菠菜和西洋菜，还有朝鲜蓟、芦笋、大蒜、韭菜、洋葱和菊苣根。

消化与代谢

健康的消化系统和稳定的新陈代谢对维持身体和皮肤的健康至关重要。然而，许多女人平日里不注重饮食健康，大吃大喝或者拼命减肥，不经意间让她们的新陈代谢减慢。“我告诫女人们最好不要通过节食来减肥，因为长时间这么做势必会带来反效果。”Amy Shah（艾米·沙阿）博士解释说。她结合东、西方医学总结出许多经验，为了调节新陈代谢，Shah博士建议每天吃3顿饭。“我们应该明白，食物会为我们带来营养，不应该过度节食。”Shah博士说。她建议不要在傍晚7点之后进餐，另外，保证每周至少有一次在你的饮食中加入了姜、蒜和姜黄。每天保证6 ~ 8小时的睡眠也对调节新陈代谢有所帮助，因为获得充足的睡眠是抵抗衰老和炎症、帮助消化最好的途径。

营养素美容

有针对性地补充营养素对保持健康非常有帮助。Frank Lipman博士说：“很难从饮食中获得人体所需的全部营养成分。”Lipman博士是中西医结合的先驱和倡导者，他帮助客户了解食物、保健品、草药、运动、替代疗法和放松疗法是如何协同工作以创造最佳健康状态的。以下是他推荐的营养素。（一定要咨询你自己的医生或营养师，以获得适合你特殊需要的营养素及其剂量。）

营养素种类	改善肤质	强健发质	强健指甲	改善痤疮	减缓衰老	防止脱发
生物素	√	√	√	—	—	√
谷胱甘肽	√	—	—	—	—	—
铁	—	√	√	—	—	√
锰	√	—	—	—	—	—
ω-3 脂肪酸	√	√	—	—	√	√
益生菌	√	—	—	√	—	—
二氧化硅	—	√	—	—	—	√
锌	√	√	√	√	—	√
维生素 A	√	—	—	√	—	—
复合维生素 B	—	√	√	—	—	—
维生素 C	√	—	√	—	—	√
维生素 D	√	√	—	—	—	—
维生素 E	√	—	—	—	—	—
维生素 K	√	—	—	—	—	—

植物美容

——一些美容专家的建议

几个世纪以来，植物一直被用于美容养颜。一些草药医生和植物疗法大师相信将某些草药植物加入冰沙、茶和面部护理产品中，可以为人们带来健康的体魄和美貌。下面列举了推荐你在日常生活中使用的六种草药植物。

牛蒡：主要使用的是它的根和种子。牛蒡是一种凉性的碱性植物，富含铁、镁和锰。它的疗效主要针对肝脏，具有清肝的功能，对于消除湿疹、银屑病和痤疮等皮肤疾病非常有效。可以用新鲜的牛蒡根熬汤，也可以将它们油炸、腌渍或加到苹果醋里。

金盏花：将从金盏花的花朵中提取的花油加入药膏中，涂抹在皮肤上可以用于治疗皮炎、银屑病或湿疹。金盏花也有助于伤口的快速愈合（第一次世界大战中受伤的士兵使用过）。将这些充满活力的花朵加入沙拉、药草和蒸汽面膜中，或者将金盏花油加入面霜中，可以提高皮肤亮度，起到镇静的功效。将半干的金盏花装入罐子里，然后加入杏仁油或芝麻油密封，放在阳光充足的窗台上4～6周，当花瓣完全浸透之后，用这些油来滋养皮肤可以起到改善肤色、增加皮肤活力的效果。

蒲公英：这种植物的有效部分是它的叶和根。这是一种受到广泛关注的植物。这种苦涩可口的绿色植物可以食用，对健康大有益处。新鲜、带有锯齿的嫩叶富含维生素和矿物质。可以将它们加入你食用的药丸中，也可以将它们切碎后加入沙拉中，或用橄榄油或黄油稍微翻炒后装饰汤，又或者用盐、黑胡椒、柠檬汁和豆子拌着吃。人们也经常从它的根部提取带苦味的汁液，汁液可用来增强肝脏功能，帮助消化。晒干的蒲公英根部与菊苣和灵芝等一起碾碎，煎煮后作为咖啡的替代物可以起到排毒功效。含有蒲公英成分的灵芝提取物受到美容人士的广泛青睐。你也可以从一种叫山地玫瑰的多肉植物中提取草药来制作你自己的草本美容护肤品。

荨麻：这种草本植物的叶子、种子和根对人体具有滋补作用。它富含维生素和矿物质，其中包括钙、镁、铁、钾、磷、锰、维生素C和复合维生素B。荨麻有助于治疗湿疹和季节性过敏，也可以促进关节健康。可以将新鲜的荨麻叶用来煎茶，也可以将其切碎或煮熟后加入肉馅煎饼和时蔬汤中。

红三叶草：红三叶草的花朵具有天然的解毒功效。这种伟大的草药对慢性呼吸疾病、湿疹和银屑病这类炎症性皮肤疾病都有疗效。这种小小的紫色野花还含有丰富的维生素和矿物质，其中包括钙、镁和维生素C。最近的研究发现，红三叶草中所含的异黄酮（与雌激素有相似结构，被称为植物雌激素）对内分泌失调和有更年期症状的妇女有帮助。可以直接饮用这种药草制成的美味的茶，也可以将其用来洗脸或做面部蒸汽护理，这样做能够带来意想不到的美容养颜功效。

姜黄：有药用价值的是其根茎。这种苦涩的草本植物在古老的阿育吠陀[①]中有着悠久的历史，被用于治疗消化系统疾病、皮肤感染和炎症。它能增加胆汁的分泌，有助于消化过程中脂肪的分解。可以将它作为皮肤保健品使用。可以将姜黄粉加入温热的有机牛奶或其他乳制品中饮用。在姜黄中加入一小撮黑胡椒可以增强其对各类皮肤病和炎症的治疗作用。

注：① 梵文“Ayurveda”，中文译为“阿育吠陀”或“生命吠陀医学”，其中“Ayur”意指“生命”，“Veda”意为“知识”，因此阿育吠陀一词的意思为生命的科学。阿育吠陀医学不仅是一门医学体系，还代表着一种健康的生活方式。

美容食谱

——一位健康食品厨师为你推荐的菜谱

激励人们吃更加健康的食物当然很好，但食物的口味也十分重要。我是一个美食家，还是个健康美食家，因此我总是在寻找健康的美食。我从美食博客和Instagram（照片墙）上获得了很多灵感，并在那里发现了健康食品专家Lily Kunin（莉莉·库宁）。Lily发布了许多非常棒的、很容易制作的食谱，其中不乏许多意想不到的美食。她的图片也很酷炫，能够激发读者下厨的冲动。我很幸运地品尝到了她的一些美食。我非常希望能够将她介绍给大家。下面我将向大家推荐一些Lily满意的美容食谱。

早晨绿藻活力保健品

小球藻富含叶绿素，是最好的食物之一。它富含蛋白质和复合维生素B，具有强大的解毒功效。每天早晨食用它，能够帮助你补充水分，充满活力，让你的肌肤容光焕发。

成分：

纯净水1杯（240毫升）、小球藻、芦荟水、柠檬汁。

步骤：

将所有的原料搅拌在一起，清晨起来饮用。

彩虹蔬菜

鳄梨和大麻籽都富含ω-3脂肪酸。将它们加入下午点心或开胃菜中可以帮助你恢复活力。食用各种新鲜的、五颜六色的蔬菜可以帮助你获得各种维生素和矿物质。大麻籽可以在超市或健康食品店买到。

成分：

鳄梨1个、去皮小西葫芦1个、碾碎的大麻籽2汤匙、大蒜1个、丁香（可选）1个、柠檬汁1杯（30毫升）、橄榄油少许、海盐少许、黑胡椒少许、时令蔬菜（红辣椒、胡萝卜、黄瓜、萝卜等）切片。

步骤：

将鳄梨、西葫芦、大麻籽、大蒜、丁香（如果使用）、柠檬汁和橄榄油放入搅拌机中搅拌均匀。加入海盐和黑胡椒调味。淋在切碎的时令蔬菜上。

薄脆饼干配甜菜蘸酱

烤鲑鱼碗

红皮芥蓝素食沙拉

薄脆饼干配甜菜蘸酱

甜菜具有很强的排毒作用，配上奶油芝麻酱便成了非常美味的美容养颜食品。这种健康的蘸酱是派对中的最爱，也可以搭配烤蔬菜。

成分：

小甜菜2个、洗净沥干水分的白芸豆250克、芝麻酱1杯（55克）、鲜榨柠檬汁3～4汤匙、橄榄油2汤匙、海盐少许、时令蔬菜（红辣椒、胡萝卜、黄瓜、萝卜等）切片、摆盘用的薄脆饼干。

步骤：

1.预热烤箱至190℃，将甜菜洗净修整，用锡箔纸包好。置于烤盘上烘烤45～60分钟，直到刀子可以很容易地穿透。冷却后，去除锡箔，切碎。

2.将甜菜、豆子、芝麻酱、2汤匙柠檬汁和少量盐放入搅拌机中搅拌至顺滑。加入橄榄油。用海盐调味。根据你的口味加入适当柠檬汁调成美味蘸酱，搭配切片蔬菜和薄脆饼干一起食用。

红皮芥蓝素食沙拉

制作沙拉的蔬菜颜色越鲜艳越好！令人难以置信的是，这些色彩艳丽的蔬菜在自然界中都能被发现，而且它们恰好都是一些营养丰富的食材。

成分：

鲜榨柠檬汁2汤匙、橄榄油4汤匙（60毫升）、大蒜1个、捣碎的丁香1茶匙、蜂蜜1茶匙、海盐少许、现磨黑胡椒少许、紫色羽衣甘蓝（或任何其他品种）1棵、粗略捣碎的芝麻菜1杯（20克）、芦笋4根、基奥贾甜菜1根、切片金甜菜1棵、切成薄片的红皮萝卜（1个）、切成薄片的鳄梨（1个）、切成6毫米的杏仁片1杯（25克）、大麻籽少许（用于表面装饰）。

步骤：

1. 在一个小碗中加入柠檬汁、2汤匙橄榄油、大蒜、丁香和蜂蜜，并用盐和黑胡椒调味。置于一旁。

2. 在一个中等大小的碗中，将羽衣甘蓝与少许海盐混合，加入剩下的2汤匙橄榄油。直到羽衣甘蓝略微枯萎并变绿，加入芝麻菜、芦笋、甜菜、萝卜、鳄梨和一半分量的杏仁片。将准备好的调料倒于蔬菜上，拌匀，用海盐和黑胡椒调味。将大麻籽和剩下的杏仁片撒于表面作为装饰。

烤鲑鱼碗

想要让肌肤丰盈，就需要补充健康的脂肪。野生三文鱼是最好的美容食品之一。将它单独入菜很美味，搭配一些营养丰富的绿色蔬菜也可以。

成分：

野生鲑鱼455克、海盐和现磨黑胡椒少许、百里香少许、迷迭香少许、韭菜少许、柠檬汁少许、橄榄油少许、切碎的红甘蓝60克（用于表面装饰）、熟藜麦240克。

西兰花沙拉所需材料：切碎的葱（1棵）、第戎芥末1茶匙、野生蜂蜜1茶匙、新鲜柠檬汁2汤匙、橄榄油60毫升、海盐和现磨黑胡椒少许、切碎的西兰花120克、切碎的布鲁塞尔芽菜60克。

步骤：

1. 预热烤箱至120℃，在烤盘上铺一张烘焙纸。将鲑鱼置于烤盘上。撒上盐、百里香、迷迭香和韭菜，加入少许柠檬汁和橄榄油。放入烤箱，根据鲑鱼的厚度烤25 ~ 30分钟，直到可以很容易地穿透鱼肉。用叉子将鱼肉剥下来。

2. 烤鱼的同时将橄榄油和柠檬汁加入红甘蓝中，拌匀，然后加入盐和黑胡椒调味。置于一旁。

3. 在一个中等大小的碗中，放入葱、芥末、蜂蜜、柠檬汁、橄榄油、盐和黑胡椒，拌匀。将其加入西兰花和布鲁塞尔芽菜中拌匀。根据你的口味添加橄榄油和柠檬汁并用海盐和黑胡椒调味。

4. 将剥下的鱼肉与红甘蓝、熟藜麦和西兰花一起食用。

蔬果思慕雪

这款思慕雪结合了多种绿色水果和蔬菜的营养，尤其是西洋菜富含的植物营养素、维生素K、维生素C和维生素A。

成分：

香蕉1根、冻梨1个、切碎的苹果（1个）、切碎的菠菜40克、西洋菜40克、无糖杏仁牛奶40克、猕猴桃1个、南瓜子、切碎的青苹果和椰子片（用于表面装饰）。

步骤：

将香蕉、梨、苹果、菠菜和西洋菜混合在一起，搅拌均匀，加入杏仁牛奶，达到理想的稠度。再在碗中加入切片的猕猴桃、南瓜子、切碎的青苹果和椰子片。

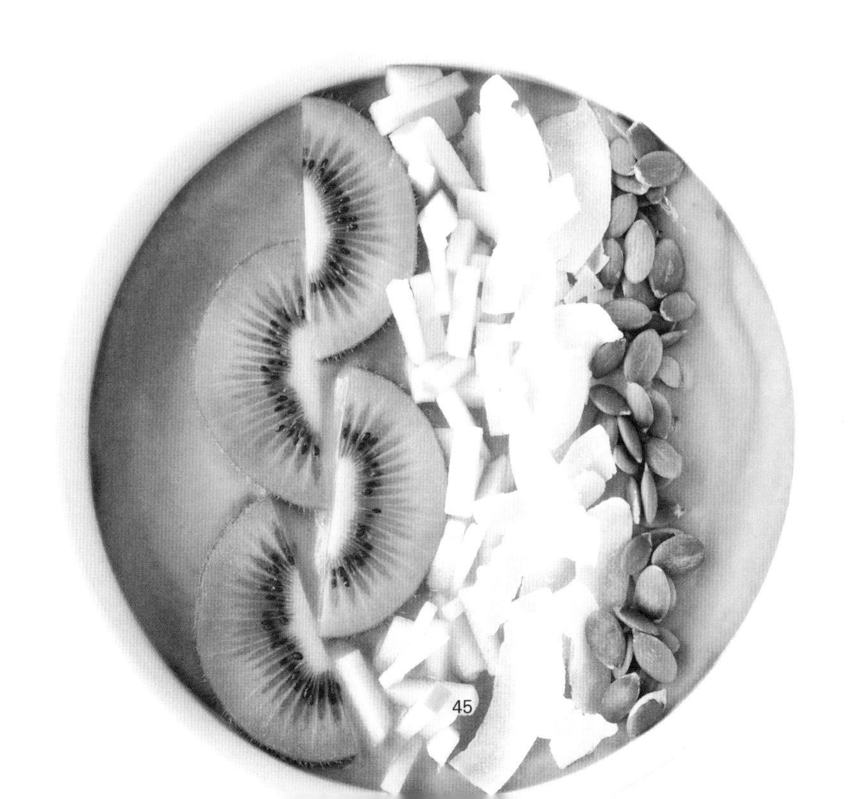

简易早餐碗

这款美味的早餐碗采用了一些健康食材，为我们开启美好的一天，其中包括糙米、甜菜、鳄梨、芝麻菜和鸡蛋。你可以在前一天晚上将所有食材（除了鸡蛋）准备好，让做早餐变得轻松愉快。

成分：

姜汁味噌酱所需配料：橄榄油3汤匙、芝麻油1汤匙、味噌酱2汤匙或30毫升、青柠1个、切碎的鲜姜少许、海盐和现磨黑胡椒粉。

熟糙米120克、小甜菜1个、切碎的小胡萝卜（2根）、去皮去核的鳄梨半个、芝麻菜10克、橄榄油少许、柠檬汁少许、海盐和现磨黑胡椒粉少许、熟鸡蛋2个。

步骤：

1. 先制作调味汁，将橄榄油、芝麻油、味噌酱、青柠和生姜放到食品加工机中打至顺滑。用盐和现磨黑胡椒调味。

2. 在一个中等大小的碗里加入糙米、甜菜、胡萝卜、鳄梨和芝麻菜，拌匀。淋上橄榄油和柠檬汁，用盐和现磨黑胡椒调味。放上熟鸡蛋，淋上调味汁。再用盐和现磨黑胡椒调味。

基本款美容养颜碗

这是一款完美的美容午餐，其中包括蛋白质、健康脂肪和纤维素。可以根据季节随意选择时令蔬菜，让你日常午餐吃出健康美丽。

成分：

芝麻酱55克、鲜榨柠檬汁1～2汤匙、温水60毫升、海盐和现磨黑胡椒少许。

熟扁豆200克、熟藜麦120克、蒸红薯120克、樱桃西红柿40克、切成6毫米大小的甘蓝叶（4片）、切成4毫米大小的红皮萝卜（1个）、鳄梨去皮去核切成4毫米厚的薄片、南瓜子和柠檬皮（用来装饰）。

步骤：

1. 在一个小碗中将芝麻酱、柠檬汁和水混合搅拌均匀。用盐和黑胡椒调味。

2. 将熟扁豆和熟藜麦一起放入一个中等大小的碗中，加入红薯、西红柿、甘蓝、萝卜和鳄梨。表面用芝麻酱、南瓜子、柠檬皮装饰。

为健康美丽的肌肤

准备的终极午餐

西葫芦意面

利用制作意面酱的方法可以在菜肴中加入更多的蔬菜。将用羽衣甘蓝和罗勒叶制成的酱料和西葫芦“面条”混合，可以制成有益健康、色彩丰富的美味佳肴。

成分：

主料：切成细长条或切成花形的西葫芦（4个）、切成丁的西红柿320克。

制作酱料所需的配料：烤熟的开心果35克、罗勒叶12克、切碎的羽衣甘蓝15克、鲜榨柠檬汁和海盐少许、橄榄油60毫升。

步骤：

1. 首先制作酱料。在食品加工机中将开心果、罗勒叶、甘蓝、柠檬汁和盐打碎。加入少许橄榄油，用盐和柠檬汁调味。

2. 在西葫芦“面条”上淋上大量酱料。加入一半西红柿轻轻搅拌。上菜前加入剩下的西红柿。

蓝莓椰子布丁

这款营养健康的美食非常适合作为午后点心。奇亚籽能够帮助消化，并且富含ω-3脂肪酸，让你充满活力。

成分：

杏仁牛奶240毫升、蓝莓70克、香草精3汤匙、肉桂、海盐、野生蜂蜜（可选）、蓝莓、树莓、草莓或枸杞、椰子薄片。

步骤：

将杏仁牛奶和蓝莓加入搅拌机中搅拌至顺滑。用细网过滤后放入碗中。加入少量香草精，然后用肉桂、海盐和蜂蜜调味。表面用蓝莓、树莓、草莓或枸杞装饰。最后撒上椰子片。

柑橘椰子开心果酸奶

这款食品以椰子酸奶为主，可以作为早餐或零食，它含有健康的脂肪和能调节肠道功能的益生菌。柑橘类水果富含维生素C，能为肌肤补充水分。

成分：

椰子酸奶240克、切碎的开心果2茶匙、去皮的柑橘类水果（血橙子、脐橙和葡萄柚等）切片。

步骤：

将椰子酸奶分成两个碗，上面放上柑橘类水果和开心果。

富含维生素C，
且有益于肠道健康

养颜核桃可可球

这是一款让你欲罢不能的可可球。核桃一定要烤熟，以消除苦味，并且为这款可可球增添香浓口味。

成分：

碎核桃120克、枣肉150克、火麻籽少许、可可粉20克、海盐少许、香草精少许。

步骤：

1. 将烤箱预热到180℃。将核桃置于烘焙纸上烘烤8 ～ 10分钟，在过程中需经常查看以免烤糊。

2. 将烤熟的核桃、枣肉、可可粉、盐和香草精在食品加工机中搅拌均匀，根据需要添加1汤匙温水。将混合物舀入一个中等大小的碗中，放入冰箱冷藏30分钟左右。

3. 用茶匙舀出面团，捏成球型，在表面粘上一层火麻籽。储存在冰箱里，取出即可食用。

2 健身

身体强壮让人看起来美丽而精力充沛。跑一英里[①]、举重、做一些具有挑战性的健身运动或者走10000步，会让你感觉非常棒。你会从这些运动中获得令人难以置信的快感。这是因为运动时产生的内啡肽让你由内而外地发生了变化。它能够有效地改善情绪，释放压力。与此同时，运动让你减去多余的脂肪，使你变得更加灵巧，让你看起来更美，更加充满自信。你的身体越强壮，感觉就越好。

强壮胜于纤细

我一直无比钦佩运动员的决心、力量和毅力，因为这总能带给我巨大的鼓励。

对于运动员的喜爱也激励着我努力拥有他们那样健美的体型。在生完第一个宝宝（我生育了3个儿子）之后，我的身材严重走样。我开始尝试各种运动来锻炼肌肉的张力、韧性和力量。当然，减肥也是我锻炼的目的之一，但不是最主要的。我希望自己的身体健康、灵活、强壮，因为那让我对自己充满信心。

强壮的身体包括许多方面，不仅仅是你在跑道上看到的那种细长的身材，它还包括完美的肌肉和曲线。健身就是要让你对自己从里到外充满信心。

注：① 1英里≈1.609千米。

让自己流汗

无论你处在什么年龄段，养成运动的习惯都会让你受益匪浅。试着将它同重要的会议一起安排进你的日程表里。锻炼对我而言不是要做什么，而是什么时候去做。我每周都会根据情况调整锻炼计划，但总能保证至少做够2次力量和健身训练。我最终的目标是能够将训练次数增加到3次。我总是竭尽所能地不断尝试新的锻炼方法。从瑜伽到动感单车，我都尝试过。我喜爱在完成各种训练的过程中身心经历巨大挑战的感觉。每次锻炼至少让自己出汗30分钟。我也经常步行一整天，目标是完成12 000步。假期对我来说是健康而舒适的。我和我的丈夫穿上运动鞋出去走路。我们在城市中探索，搜罗有各种美食的地方。运动需要的是坚持和毅力。你可以进行高强度锻炼，但是如果不能持之以恒，那它们就都是无意义的。

经常变换运动项目

如果你一直重复同样的锻炼，身体一旦习惯了，锻炼就不再那么有效了。每天重复同样的动作也会令你感觉很无聊。一旦你感到无聊，可能就失去了坚持锻炼的动力。

我发现坚持锻炼的关键是将各种锻炼方式结合起来。你可以试着换一个新的课程，选择一条新的跑步路线或者换一个新的健身教练。适当做一些调整，能让你对锻炼保持新鲜感。

我们要做的不仅仅是变换不同的肌肉群进行训练，还要改变锻炼的目标，这样可以让我们得到全新的激励。

健身指南

如果你想保持身材，基本上都得做下列这些运动项目：从步行这些低强度的训练开始，到间歇性强度训练，最后到互动性更强的运动，比如骑动感单车，这样你永远都不会感到无聊。下列是我非常喜欢的一些锻炼项目。

步行

适合人群：“步行是没有任何技术门槛的锻炼方式，所有人都可以进行这种锻炼。”教练和营养学家Harley Pasternak（哈里·巴斯特纳克）说，“它没有技能要求，不需要任何设备，不论男女老少都可以从步行中受益。”

作用：步行可以循序渐进地对心脏产生影响，从而保持健康。每天走10000步对身体健康非常有好处。如果你每天坚持走12000步以上，就会起到减肥的效果。

好处：你可以将它安排在你的日常生活中，而不必专门找时间来锻炼。你可以步行去吃午饭，也可以边走边打电话。如果你想和朋友一起消磨时间，你们可以相约一起去散步。健身跟踪器能够有效地激发你的动力。如果你想要保持健康，每天步行10000步就可以了。

所需投入：步行不需要额外投入，只需要一双舒适的鞋就足够了。

跑步

适合人群：适合所有人，可以随时、随地进行，也不需要额外的投入。

作用：跑步有益于燃烧卡路里和减脂。跑步的功效可以作用于全身：腿、内分泌系统、身体核心部位和心脏。

好处：“跑步是一种可以将身心结合得很好的运动。”健身教练David Kirsch（大卫·科尔）说，“跑步是所有运动中最能够给身心带来愉快的一种。”

所需投入：很少。你需要的仅仅是一双好的跑鞋（这一点非常重要，不适合的鞋子会导致运动伤害）和运动胸罩。当跑步的距离越来越远时，你可能需要一些吸汗性能更好的、特殊材质做成的跑步服装。你也需要根据季节选择合适的服装。你还可以适当地参加一些比赛，以激发你的动力，但这些比赛大都需要支付一定的参赛费用。

骑自行车

适合人群：你很容易通过调节骑行的频率控制运动强度，在你想休息的时候可以滑行。骑自行车在世界上许多国家的各个年龄段都很流行。

作用：锻炼小腿、大腿、腰部和核心力量，调节内分泌系统。

好处："它对你的身体、心理都有好处，还能锻炼你的肌肉。" Kirsch说。

所需投入：投入的多少取决于你的自行车的价格（自行车有山地自行车、公路自行车等多种类型）以及你想要什么样的齿轮。一旦你有了一辆自行车，你还需要一顶头盔。你也可以像进行其他运动一样准备更多的装备，比如从手套到一些特殊的骑车装备，或者改进你的座垫。投资多少取决于你自己。

自由力量训练

使用哑铃、杠铃或水壶等自由重量做重复的动作，就是自由力量训练。

适合人群：适合所有人。

作用：取决于你举起的重量，你如何训练，以及你多久做一次，重量可以随意组合搭配。它是心肺功能锻炼的完美补充，也可以对某块肌肉进行针对性的训练。

好处："研究表明，心肺功能训练和力量训练相结合的方式比单纯地进行心肺功能训练效果更显著，也更持久。" Pasternak解释说，"力量训练可以增加骨骼密度和肌肉质量，对调节和促进激素分泌也有明显的好处。"

所需投入：很少。一开始最好买两组（5磅①的和10磅的）器材，再购买一本书或者下载一个应用程序。如果你有专职教练，那么这就是一项比较大的投资了，但也意味着你的锻炼更加适合你的体型和能力。

注：① 1磅≈0.454千克。

悬吊训练

悬吊训练即使用悬挂带悬吊你的身体，在墙上或门上进行重复的抗阻力练习。

适合人群：适合那些不想花很多钱就能进行解压训练的人。任何年龄段的人都可以进行。

作用：悬吊训练可以提高平衡性和灵活性，强化核心力量，并且可以有针对性地对某块肌肉进行训练。这是一种很好的阻力运动的补充形式，它比哑铃训练更加灵活，也可以全方位地利用运动空间。“这是一种具有多功能性的运动方式，可以让你很好地训练身体的各个部位。”Pasternak解释说。

好处：“每个人都应该把它纳入日常锻炼中。”Pasternak说，“它可以强化肌肉组织，促进新陈代谢。”

所需投入：很少至中等。悬挂带是唯一需要购买的运动器材。你可以下载一个应用程序或者购买一本教学书籍。如果你想要私教进行指导，则需更多的开销。

武术

武术，这里指的是自由搏击、空手道、柔道和跆拳道。

适合人群：适合那些希望在保持良好的体型的同时还能学习自卫和反击的人。尤其适合那些希望通过课程训练达到自己既定目标的人。但你需要长期坚持，以完成武术等级考核。

作用：它是最出色的高强度全身锻炼，能让你的稳定性、平衡能力同时得到提升。与此同时，你还学会了防身之道。

好处：“通过练习武术，你不仅能够得到锻炼，还学会了尊重他人并拥有正直的精神。它能让你的身心攀登上更高的目标。”教练Ashley Wilking（阿什利·威尔金）说。

所需投入：适度。你需要支付课程费用并购买专用服装。

HIIT（高强度间歇性训练）

HIIT是高强度间歇训练（High-intensity Interval Training）的缩写。它是一种短时间内进行高强度锻炼，然后进行短暂休息的运动方式。这些快速、高强度的动作结合了心肺功能训练、塑身训练和阻力训练。

适合人群：对于那些已经处于良好的身体和心理状态的，希望能在短时间内获得最佳效果的人群来说，这是一个很好的选择。它不适合任何刚刚开始锻炼的人。

作用：它可以从头到脚调节你的整个身体，燃烧大量的卡路里，并快速提升你的新陈代谢水平。

好处：“HIIT通过编排好的一系列动作为锻炼者带来惊人的健身效果，这些动作包括立卧撑、俯卧撑、弓步、蹲跳等。如果你定期进行这些高强度训练，很快就会看到意想不到的效果。”Kirsch解释说，“准新娘尤其钟爱这种运动！”

所需投入：中等到高等，这取决于你所选课程的课时费。

有氧操

有氧操是一种快节奏的舞蹈，融合了从嘻哈到尊巴等各种有氧舞蹈。

适合人群：适合那些想要将娱乐与高强度的锻炼结合起来的人。当然，如果你有一定的舞蹈基础更好，没有也没关系。

作用：它能帮助你大量出汗，以此达到减肥、燃脂的效果。

好处：“有氧操会让你消耗大量的能量，并且很有趣味性。”Wilking说，“再加上激烈欢快的音乐，让人身心愉悦。”

所需投入：你是参加专门的课程还是自己在家跟着视频锻炼？选择的方式不同，所花的经费也有所不同。现在，几乎所有的健身房会员都可以参加免费的尊巴课程。

普拉提

普拉提其实是一种身体调理疗法，主要是在垫子上进行核心部位的练习或者借助一些健身器械进行训练。它与瑜伽有所不同。瑜伽主要是通过保持一些瑜伽体式进行训练，而普拉提则是对某些肌肉进行重复性的锻炼，旨在增强身体的核心力量。

适合人群：普拉提对于那些不想通过高强度训练增加自身核心力量的人来说是一种很好的锻炼方式。如果你受伤或正在从伤病中恢复，它也可以起到很好的补充锻炼的作用。对于那些想要通过运动来减脂和美容的人来说，可以将普拉提和健身操结合起来。

作用：通过身体的延展和力量训练来修饰我们的肌肉线条，让我们拥有健美的体型。

好处："普拉提可以锻炼所有的肌肉，包括平时常常被我们忽视的那些肌肉。" Wilking 解释说，"它帮助我们调整不良姿态。对于那些'低头族'而言，加强支撑脊椎的肌肉非常重要。普拉提的作用正是在此。"

所需投入：中等到较大。如果你不想在这方面投入很多，最便宜的选择是下载普拉提应用软件在家训练。中等投入是参加一个普拉提课程班。一对一私教会非常昂贵。

动感单车

动感单车课程是室内自行车课程，一种高强度间歇性训练，偶尔也会结合一些力量训练。

适合人群：适合那些喜欢骑自行车但又不想在户外进行这项运动，同时想在群体中感受运动的快感和乐趣的人。它也是想要进行心肺功能训练的人的绝佳选择。

作用：高强度的训练有利于燃烧卡路里，以达到减脂的目的。虽然骑动感单车主要锻炼下肢力量，但它的运动效果却可以作用于全身。

好处："骑动感单车是目前为止所有运动项目里针对心肺功能以及在短期内燃脂效果最好的运动，它同时也是很好的耐力训练。" Wilking 说，"它对关节的影响很小。训练者可以根据需要调节运动强度。他们可以不断地挑战自己，且无需担心会在训练过程中掉队。"

所需投入：中等到昂贵。无论你是买一辆健身自行车还是去参加课程训练，都是一笔不小的开销。

Barre

Barre是一种以芭蕾和轻器械相结合的、针对锻炼核心力量的全身训练。

适合人群： 它对于那些希望进行锻炼，但又不喜欢HIIT之类的人来说是很好的选择。它能帮助你提高身体的柔韧性和灵活性，并增加肌肉力量。

作用： 它可以帮助你调节身体姿态，增加身体的柔韧性和力量。

好处： “Barre是一种温和优雅的锻炼方式，以芭蕾为主，同时也极具挑战性。” Wilking说，“人们一开始常常误认为它很容易，但却会因为它的技术难度而不知所措。”

所需投入： 中等至昂贵。Barre课程通常由一些精品Barre工作室开设，价格普遍比较昂贵。

Boot Camp / Cross Fit

Boot Camp是一种体力训练和有氧运动相结合的训练方式。这些课程一般都需要训练者完成某个既定目标，并在这个过程中克服许多障碍。

适合人群： 它适合那些喜欢以团队为基础的、具有挑战精神的人，以及那些想要实现健身目标的人，尤其适合那些体力充沛的人。这项运动是一种需要耐力与力量兼备的高强度锻炼。

作用： 它侧重于增加身体力量，结合举重和扩展运动提升你的力量和肌肉质量，同时结合延展肌肉运动与缩短肌肉运动锻炼更强大的肌肉。

好处： “Cross Fit是关于技能开发的锻炼，通过举重、力量训练和爆发性运动，使锻炼者通过锻炼提升他们的技能和力量。” Wilking解释说。

所需投入： 中等到昂贵。障碍课程、攀岩和Boot Camp等训练都需要在专业的健身中心中进行。需支付健身中心的会员费，或单独支付这门课程的费用。

如何保持运动活力

运动的关键在于坚持。偶尔的休息没有关系，但最重要的是运动不能半途而废。为了能够坚持下去，可以采取以下三种非常有效的途径。

运动跟踪器：多年之前我就开始每日携带运动跟踪器了，而且一直坚持至今。了解自己每天的运动量非常重要，对于那些容易久坐的办公室白领而言更是如此。为了尽量增加自己的运动量，我会在办公室附近来回走动，一边打电话一边走路，或者用走楼梯代替坐电梯。记住，每一步对你的健康都很重要。

健身App：如Skyfit（能够帮助你完成户外跑步、瑜伽和骑自行车等许多运动项目）、Nike+running（可以跟踪记录你运动的距离和速度）等健身App都可以帮助你运动起来。它们最大的好处在于经济实惠，你不需要花许多钱加入健身会所，或者聘请健身教练。它还能为你量身定制运动计划，并密切跟踪记录你的运动情况。你还能在上面跟朋友们比赛。所有这些都是很好的激励方式。

健身同伴：当你清晨想要赖床的时候，有个同伴等你一起去上舞蹈课，一起跑步或散步是对你最好的激励。和朋友们一起锻炼不仅能让运动变得更加有趣，还能培养你的责任感。

适当地休息也很重要

像我这样喜欢为自己设定目标并激励自己不断努力的人，也会偶尔停下来休息片刻。当你运动过量时，会感到筋疲力尽，而且容易给身体带来伤痛。一定要倾听你身体的声音。有时，感到疲倦时可能需要锻炼来让自己恢复活力，而另一些时候，当你感到疲惫不堪时，就应该适当休息让肌肉和大脑得到充分的放松。那些像我这样精力充沛的人，都曾花一些时间来理解休息和坚持运动同样重要的道理。当然，知道什么时候应该休息至关重要。当你感觉肌肉疲劳而且非常酸痛，或者在忙碌了一天后感到筋疲力尽，想要睡上一觉恢复体力时，一定要尊重你的身体向你发出的信号。

瑜伽

我喜欢瑜伽带来的感觉。做瑜伽中的一些体式可以帮助我提升自我意识，保持身体健康。做一些体式可以集中思想，寻找到让心灵平静和放松的点。来自科罗拉多州特莱瑞德的Kelly Stackhouse（凯利·斯塔克豪斯）是我所知道的最好的瑜伽教练。下面是她分享的一些能够帮助增加力量、进行放松的瑜伽体式。

无论你的身体状况如何，是何种体型，也无论你处于什么年龄，瑜伽对你都有好处。无论你是想增加身体柔韧性，让身体深度放松，还是出汗，提高心率，或是增加力量，你都可以找到一种最适合你的瑜伽练习。我最喜欢的两种瑜伽练习是哈他瑜伽和流瑜伽。哈他瑜伽专注于缓慢的动作和呼吸，流瑜伽则是通过做一系列如流水般流畅的动作组合来强健身体。瑜伽通常需要长时间保持同一种姿势。

调节你的呼吸

呼吸对于保持正确的姿势、维持肌肉功能和放松整个身体都非常重要。很多人认为正确的姿势是“肩膀向下，背部向下”，其实这样做弊大于利。我们应该将注意力放在长而深的呼吸上，以放松肋骨，充分扩张腹部，使腹肌处于正确的位置，从而很好地控制脊柱，而不是让背部来承担这些工作。下面是健身教练Cody Plofker（科迪·普劳弗克，他也是我的儿子）推荐的动作：

仰卧在地面上，双腿贴在墙上，臀部和膝盖呈90度直角。保持你的背部平放，慢慢抬起大腿离开墙面。吸气，然后充分地呼气。当你的肋骨下降时，呼出所有的空气。重复以上动作3次。

加强瑜伽体式系列

1. 战士第一式

这是一个很好的热身动作。轻轻地打开髋部、胸部和肺，让呼吸更加顺畅。

2. 反战士式

这种站立的体式能加强腿部肌肉，同时尽可能地延展从腰部到肩部的肋骨。

3. 单腿平板式

这种体式有助于发展核心稳定性，提高手臂平衡性，为倒立动作做好准备。

4. 双脚式

头部向下的倒立动作可以帮助我们降低血压，使大脑平静下来。

5. 鸽式

鸽式通过打开髋部的方式帮助释放消极的情绪。

6. 树式

这是一种加强核心力量和腿部力量非常好的体式，还能提高平衡感和肌肉的稳定性。

7. 车轮式

这种让心脏放松的体式能增强手臂和腿部的力量，并能很好地拉伸上肢。

8. 坐姿扭转

通过身体扭转刺激消化，清除体内毒素，有助于保持脊柱弹性，缓解背部疲劳。

放松瑜伽体式系列

1. 坐立前屈式

这个体式能很好地拉伸腿部韧带，也可以很好地让身体放松。

2. 祈祷式

这种坐姿冥想体式结合了祈祷手势，专注于爱和感恩。

3. 坐禅式

闭上眼睛，专注于呼吸，寻找内心的祥和与平静。

4. 冥想式

专注于心轮，爱与慈悲的中心，让我们的大脑和心在一起。

活力食品

——健康食品大师的推荐

为了锻炼身体，你需要补充优质的能量。蛋白质有助于提高新陈代谢，燃烧卡路里，强健肌肉，水果和蔬菜则会为人体提供足够的营养。营养大师Indie Fresh（茵蒂·弗瑞希）对健身和健康食品拥有同样的热情。以下是他为大家推荐的健康食品。

锻炼之前的能量食品：“我运动之前的能量食品通常是即食麦片、香蕉和杏仁牛奶。香蕉含有大量的钾和易消化的碳水化合物，能够为锻炼提供足够的能量。”Chowdhury（乔杜里）说，“麦片和杏仁牛奶富含蛋白质，但与蛋白质粉不同，这些蛋白质能够被消耗，不会让你感觉沉重，因为它不会含有过高的能量。它们是能够迅速提供能量的零食。如果你运动前没有足够的时间进餐，那就带上几根香蕉吧，这就足够了。”

野牛肉：野牛肉的总脂肪只有牛肉的一半，是我摄入的蛋白质的主要来源。它还含有大量的复合维生素B，这有助于增加体力。

鲑鱼：鲑鱼是最美味的鱼肉之一。它富含优质蛋白质、ω-3脂肪酸和氨基酸，是优质蛋白质很好的来源，有助于肌肉和组织的发育。可以帮助你在锻炼之前做好准备，并在锻炼之后恢复体力。

黑豆：黑豆富含蛋白质和植物纤维，也是素食主义者获得蛋白质的绝佳途径。

花椰菜：花椰菜是伟大的天然食材，可以提高新陈代谢，并且提供很强的饱腹感。

蓝莓：黑色浆果有助于提高注意力和记忆力。我喜欢在锻炼前后饮用蓝莓奶昔。它们可以作为一种低热量的甜味剂。蓝莓富含抗氧化剂，是维生素C的重要来源。

樱桃：樱桃有助于消除锻炼之后的肌肉炎症。它们的效果与生姜相似，但味道却不那么让人难以接受。

抹茶：把它当作咖啡的代用品吧。早上喝，效果能持续一整天。抹茶是一种高度浓缩的绿茶粉，能为注意力的增强和持续提供能量，且有助于解毒。

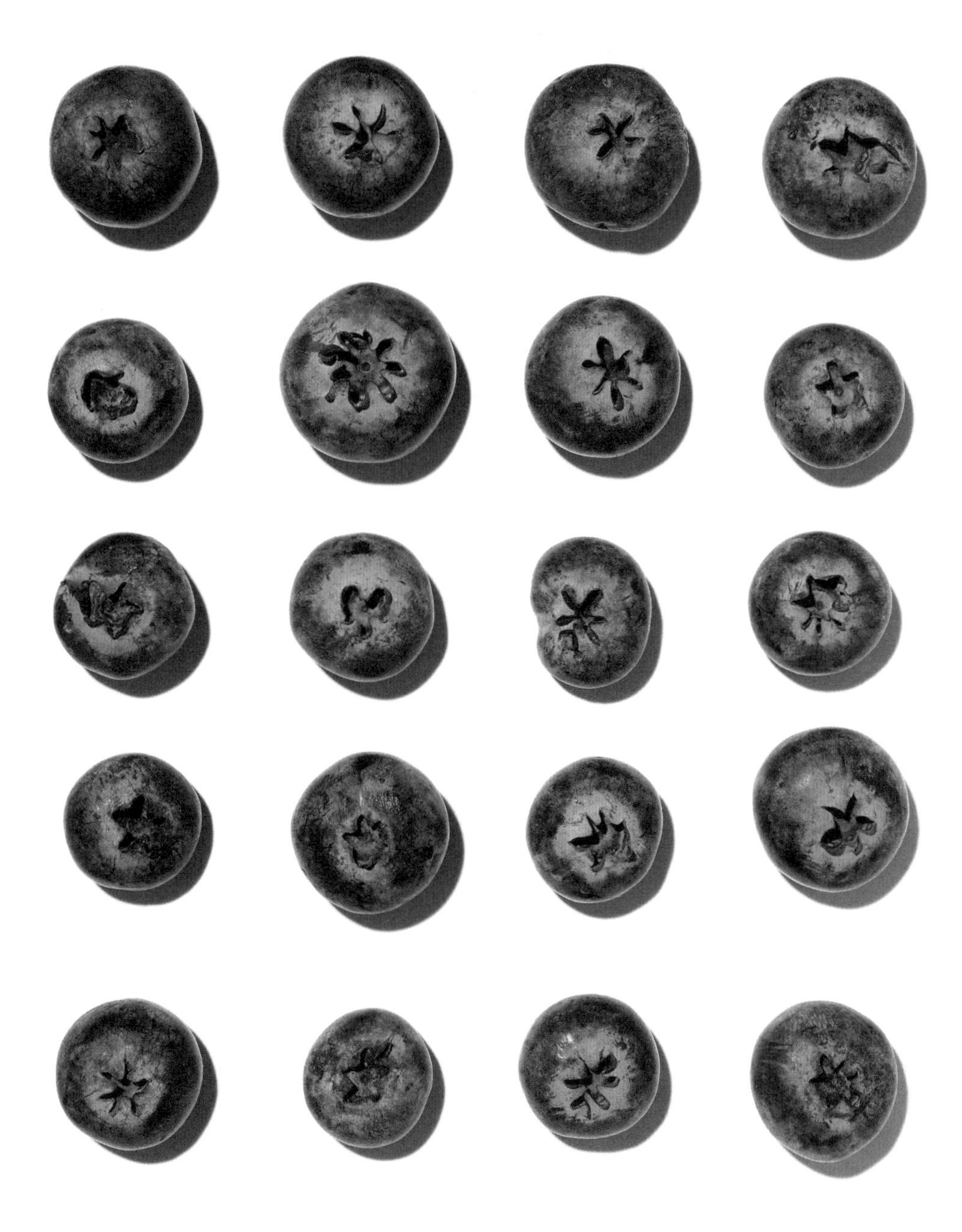

3 冥想

压力与样貌之间有着直接的联系。压力会反应在你的脸上、眼睛上、头发上、皮肤上，它会导致粉刺、黑眼圈等许多皮肤问题的出现。“压力通过使体内的细胞更频繁地分裂而影响健康，使细胞寿命缩短并引发各种疾病。” Jeff Lally（杰夫·拉里）博士说。

专家们刚刚开始研究应激激素皮质醇，以及它给人们从内向外带来的影响。这种激素存在我们每个人的体内，但是如何管理和控制这种激素的分泌则会直接影响你的身体表现出的状态。如果你想要缓解压力，就必须调节自己的身体和思想，保证充足的睡眠（专家建议每天至少睡8小时左右）或者在健身房进行适当的运动，让肌肉重新焕发活力。同时，你还应该偶尔关掉你的电脑，因为蓝光和辐射会扰乱睡眠周期，增加压力。适当地进行深呼吸、参加瑜伽课程或者冥想，让头脑得到平静也非常重要。

对有些人来说，休息是一种享受，而对于其他人而言（像我这样的）却可能是一种挑战，因为在我的脑海中休息意味着碌碌无为，毫无成就感。但过度紧张、过度疲劳、过度工作往往都不会有好效果。对我来说，泡个热水澡、按摩、阅读、使用精油或者打开电视看一个无聊的节目都会让我的精神得到放松，恢复活力。

冥想：
5分钟充电

无论你是每天冥想5分钟还是40分钟，它都会给你带来很多好处。研究表明，冥想可以减轻精神压力，降低血压，提高注意力。“冥想可以帮助你改变处理压力的方式。”冥想老师Charlie Knoles（查理·诺尔斯）说，“如因糖尿病、肥胖和心脏病等产生的精神压力，就可以通过冥想得到极大的缓解。它能让你感觉更幸福。”谁不想这么做呢？

冥想不仅具有长期益处，也可以在短期内帮助人们快速缓解疲劳。研究表明，冥想有时比小睡的效果更好。每天冥想5分钟能让你迅速消除疲倦。冥想有许多不同的方式，你可以简单地配合呼吸进行，也可以结合禅语进行，但要找到最适合你的冥想方式。

冥想可以让时光倒流

大多数人通过使用护肤品、运动或者进行整形手术等各种方式留住童颜，但却很少有人试过冥想的方式。研究表明，在冥想者身上的确可以发生细胞衰老的逆转。他们体内的DNA进行了自我修复，细胞也得到了更新。这些有时不会体现在他们的外表上，比如皱纹变淡或白发变黑，但他们的身体比从不进行冥想的人的身体更加年轻。冥想具有如此显著的放松效果和抗衰老特性，很难想出一个不尝试它的理由。

超越冥想

要学习这种冥想，你就必须参加一个讲习班或跟随一位冥想老师进行练习。他会给你一个声音、一个词或者一系列词，以提高你的注意力。当你开始冥想时，在一个舒服的位置坐下，闭上眼睛，然后简单地重复你头脑中的禅语，让自己进入放松的状态。“这种冥想是为了超越现实。”Knoles说，“你最好每天练习20分钟，一天两次。”Knoles认为这是最有效的冥想方式之一。它可以帮助人们立刻缓解压力。

引导冥想

进行这种冥想需要在别人的帮助下进入一种忘我的境界。你可以参加一个课程（如果你很难集中注意力的话，这是一个不错的选择），或者下载一个如Insight Timer这样的免费应用程序来帮助你训练。Knoles说：“它是通过提高专注力让人进入一种忘我境界的冥想方式。”

呼吸冥想

“这种冥想方式只是让你闭上你的眼睛，专注于你的呼吸，不要刻意去控制它，而是感受它。当你的注意力开始分散时，重新回到你的呼吸上。”Knoles解释说，“它是让你将你的呼吸作为一种工具，专注于你的存在的一种训练方式。”每天练习5分钟就可以让你从中受益。“大约3个月后，你就能明显感觉到压力得到了缓解。”

主动呼吸冥想

有些冥想可以帮助你集中注意力。“这种练习通过控制呼吸的方式让能量在身体里重新分配，以帮助练习者调整状态，为身体带来活力。”Knoles解释说，“主动呼吸冥想主要采用的是昆达利尼瑜伽和气呼吸。有一些运动员在训练或比赛之前也会进行这些练习，使他们的身体和思想更加活跃。”

呼吸冥想

——一位冥想教练的推荐

呼吸训练是冥想的一种形式，也可以单独使用。“控制你的呼吸是调节你的大脑思维最快的方式。”Mindfresh公司的首席执行官Jen Kluczkowski（珍·库兹科夫斯基）说。Mindfresh是一家帮助上班族进行呼吸训练和冥想的专业公司。她说：“当大脑在高速运转时，你很难让它很快地平静下来。”人们在感受到压力时，呼吸会变得很浅、很急促，大脑得不到足够的氧气，血压和心率也会随之增加。在这种情况下，改变你的呼吸模式，仅仅几分钟，就可以帮助你缓解所有的压力症状。

为了帮助你在一天里最忙碌的时候快速恢复状态，放松身心，以提高工作效率，Kluczkowski推荐做以下三步简单的呼吸练习。

重启和专注

简单的深呼吸能带来惊人的功效。如果你在工作时或在家庭中感到不知所措，想要快速恢复状态，试试以下这些简单的练习。

1. 慢慢地吸气，数到四。

2. 慢慢地呼气，数到四。

3. 重复以上两个步骤十次。

将你的注意力放在胸部和肩部。可能你的前几次呼吸比较浅，只使用到了胸腔以上的部位。随着呼吸的加深和调节，你会发现它向下扩展到了腹部和背部。“你身边的人都不会发现你在做这种练习。”Kluczkowski说，“通过练习，你会发现头脑变得比之前更加清晰和敏锐。”

平衡呼吸

“许多人在平常呼吸时两个鼻孔吸入的空气并不均衡，一只鼻孔吸入的空气比另一只多。这会导致身体和精神上产生不平衡感。”交替鼻孔呼吸的练习可以帮助两只鼻孔均匀地吸入空气。通过几次这样的练习，可以帮助身体恢复整体的平静感，有效缓解焦虑情绪。

1. 将你的右手掌朝上，然后将食指和中指压在拇指根部。举起右手，用右手拇指按住右鼻孔。

2. 通过左鼻孔吸气，数到四。然后用右手无名指和小指按住左鼻孔，通过右鼻孔呼气，数到四。

3. 通过右鼻孔吸气，数到四。然后换成拇指按住右鼻孔，通过左鼻孔呼气，数到四。

这就完成了一个呼吸循环。按照这种呼吸方式练习三分钟或十到十二个周期。

舒缓焦虑

当你有压力、愤怒等情绪时，可以尝试采取以下的方式让自己尽快平静下来：

1. 吸气，数到三。

2. 呼气，数到四。

3. 重复以上两个步骤十次。

延长呼气周期可以帮助你迅速平静下来。坚持这种方式，直到你感到放松。

调节情绪：芳香疗法

——一位芳香理疗师的推荐

芳香疗法利用气味进行治疗。“香味对心情有很大的影响。出汗、心率加快和胃痉挛等压力症状都是由内分泌失衡引起的。某些气味可以向大脑发出不要释放这些引起压力症状的激素的信息。给人带来愉悦感的气味能够让人对事物产生不同的情感反应。”芳香理疗师、纽约芳香疗法研究所创始人Amy Galper（艾米·盖普）说。

在家里进行芳香疗法非常方便。根据你想要达到的效果，例如改善睡眠状况或是缓解压力等，从每个情绪组里选用3～5种精油。Galper说：“将各种精油结合起来使用的疗效最好。”你可以选择3～5种精油调制出个性化的精油。每种精油取两滴（如果你使用5种精油，使用的精油总量不要超过10滴），再加入一大汤匙（大约30克）橄榄油（或者任意一种天然植物油）。你可以用它在皮肤上按摩直至吸收，也可以在沐浴时把它放入浴缸里。精油是浓度很高的化学物质，因此，在涂抹到你的身体上或添加到沐浴液里之前，必须先用橄榄油进行稀释。你可以在身体的任何部位使用你的个性化精油混合物。将它涂在手腕、胸部、肩膀或脖子上，能让你在呼吸时闻到它的气味，加强效果。你也可以使用精油雾化器，将它雾化成微粒，以充分发挥它的功效。

舒缓情绪

薰衣草、玫瑰、茉莉、依兰、橙花等花香精油有镇静和舒缓中枢神经系统、降低身体的应激反应的功效。花油含有平复情绪的成分。

增强活力

当你需要恢复精力时，可以使用茴香籽、迷迭香、薄荷和桉树精油。它们可以让你的头脑更加清醒。这些精油也有助于排除体内的毒素。

情绪调节

令人振奋、有活力的精油具有提升情绪的作用，如柑橘、青柠、柠檬、葡萄柚和甜橙精油。“这些精油具有清洁和解毒功效，能帮助身心摆脱消极情绪。”Galper说。

促进睡眠

如果你在夜里难以入睡，最好使用一些薰衣草、鼠尾草、依兰或者柑橘精油。薰衣草具有镇静功效，鼠尾草和依兰有助于放松肌肉，柑橘可以缓解神经紧张。

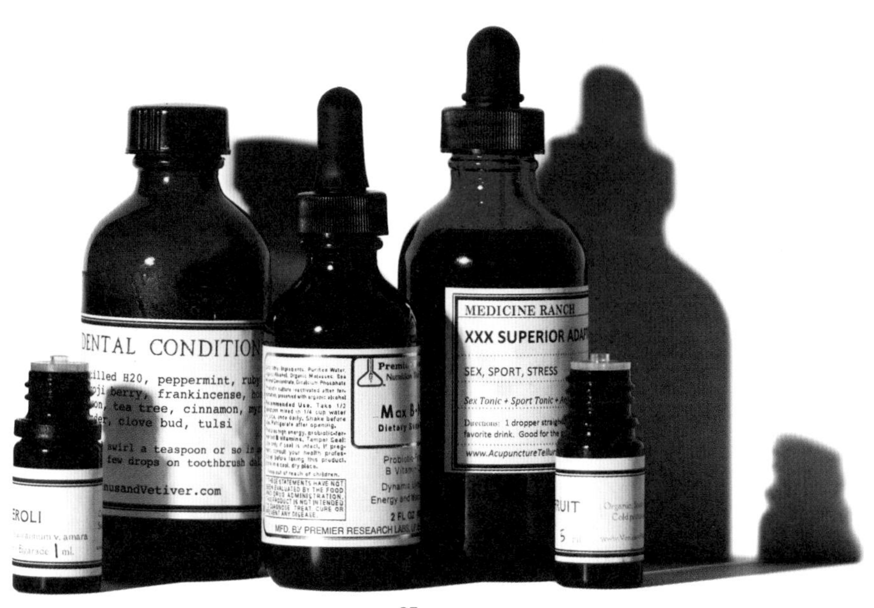

美容睡眠

你的疲倦会显现在身体上：眼睛下面出现黑眼圈、皮肤暗沉、长痘、注意力下降、缺乏精力等。那么，睡眠充足的标准是什么呢？美国国家睡眠协会建议18 ~ 64岁的人每晚睡7 ~ 9小时，65岁以上的人可以相对减少。功能医学专家Ken Davis（肯·戴维斯）博士的进一步研究表明，充足的睡眠不仅仅是睡眠的时间充足，还要看在睡眠的过程中经历了多少个快速眼动周期（rapid-eye-movement cycle）。他说："如果你的睡眠过程经历了4 ~ 5个快速眼动周期，醒来时就会感到精神焕发。"但是因为人们很难知道自己究竟经历了多少个快速眼动周期，通常只能将醒来时是否活力充沛作为睡眠是否充足的判断依据。其过程是从非快速眼动阶段（一段深度睡眠，可以帮助组织和肌肉得到恢复，并强健骨骼和免疫系统）进入快速眼动阶段（在这个阶段大脑比较活跃，有可能会做梦）。

Davis博士说早上皮质醇水平最高，如果你睡眠质量好的话，此时的精力就会最充沛。如果你早上起床困难，并且中午1点左右精力不济，那就意味着你的皮质醇水平较低，你的睡眠没能让你的身体充分恢复。你应该咨询医生，并检查皮质醇和肾上腺激素水平。医生会根据你的情况为你开出营养补充剂，补充褪黑素、镁、肌醇、铷元素等，以帮助你调整状态。Davis博士说："铷元素有助于缓解肾上腺机能过度驱动，而睡前服用肌醇能够帮助大脑恢复平静。"

如果你想得到更好的睡眠质量，就很有必要尽量远离电脑和手机，尤其是在睡前。使用手机时间过长不仅会带来精神压力，而且很难让自己放松。Davis建议就寝前两个小时关闭电脑电源和手机。他说："这些设备具有低频电磁辐射，会影响神经递质，并带来过度刺激和焦虑。"

饮食和运动也会对睡眠带来很大的影响。经常做些运动，即使只是走路也有很大的益处。Davis说："即使每周走4次，每次5千米也会给你带来明显的效果。"下午2点之后别再喝咖啡，睡前至少1小时内不饮酒。“酒精可以帮助你入睡，但酒精中的糖分却会导致你的血糖迅速上升，然后下降，这会让你从睡梦中醒过来。”

为了帮助入睡，最好养成良好的睡眠习惯。尽可能制订一个有规律的睡眠时间表，包括何时入睡，何时起床。白天尽量不要小睡，因为这会影响你晚上入睡的情况。只在卧室里睡觉，不要看手机或电视。睡觉前练习深呼吸或听帮助放松的音乐。当你将睡眠模式调节到最佳状态时，你会感到更加精力充沛，看起来精神焕发、活力十足。

Milanais

4 自信让你更美丽

我们每个人都在不断成长。有些人天生充满自信，但我们大多数人都需要经历一个过程才能找到自信。小的时候，我总是羡慕别人，啦啦队队长、体操运动员等那些又高又瘦、金发碧眼的酷酷的女孩，我觉得她们很与众不同。我在电影《爱情故事》中第一次看到了一位跟我一样拥有一头黑发、浓密的眉毛和自然漂亮的脸蛋的、美丽的女演员——Ali MacGraw（艾尔丽·麦古奥）。打那时起，她就成了我的偶像。

后来我来到纽约，开始进入时装圈。我的周围全是来自世界各地的高挑纤细的模特，或者来自巴黎或伦敦的打扮入时的造型师和时尚编辑，而我只是一个来自中西部的孩子。我迫切地想要融入他们，每天像海绵一样吸收着周围的一切，观察他们的穿着打扮和一举一动。

直到三十几岁之后，我才真正明白：我只需要做自己。我学会了爱自己：1.52米高，不是模特，只是一名普普通通的化妆师和土里土气的妈妈。我有自己的生活和家庭，有对自己更加重要的事，我不再去为跟自己无关的事情感到困扰。我清楚地记得有一次在一个舞会上，我身边都是些名人和超级名模。我突然意识到自己面临着一个选择：我可以让自己感到不安和难受，也可以自在地做我自己。最后，我选择了开心地跳舞，做我自己。

之后，我仍然有很多时间跟漂亮的模特、女演员以及来自世界各地的名人共事，跟他们合影。虽然我穿着12厘米的高跟鞋仍然看上去比他们矮小（我在不拍照时，总是穿着运动鞋或者让我感觉舒服的鞋子），但是跟这些名人合影的照片让我感到自豪。

自信让人与众不同。它不仅使你更有吸引力，也让你感觉自己无所不能。找到自信的方法有很多，其中最关键的是让自己和那些你需要的人在一起。回想起来，我在早期职业生涯中遇到了许多后来成了我的榜样的人，他们都非常独特，比如Bruce Weber（布鲁斯·韦伯）、Yogi Berra（尤基·贝拉）、Susan Sarandon（苏珊·萨兰登）和Ricky Lauren（瑞奇·劳伦）。通过对他们的观察，我逐渐学会了接受我自己。变得健康、有活力和强壮是另一种让你感觉良好的方式。我建立自信心的秘密——也是我创立的品牌的核心精神——做你自己。

做你自己

我见过很多来自世界各地的女人。事实上，我们相差无几，都希望自己充满自信，看起来气色不错，受到尊重，有安全感，被爱。她们不仅与我分享她们的美容问题，还常常向我倾诉她们的不安全感和挫折感。当大家对某些问题有同感时，讨论这些问题就变得很有意思。当你学会放松，这些问题就不会再困扰你了。我遇见的那些对自己充满自信、散发出魅力的女人皮肤往往都很好。她们不会为自己是谁而感到难过，她们都知道如何完全接受自己。

关注自己的优点，忽视你的缺陷

作为一个化妆师，人们在我为她们化妆之前总是先为我指出她们自己的缺点：这里有皱纹，那里有缺陷。而我通常不会关注这些，我所关心的是如何让她们变得更美。

关注缺点是人的本性，但通常你看到的自己的缺点别人根本看不到。真的，根本没有人会注意到这些！谁在乎你的肚子有点大还是脸上长了小疙瘩？根本没人！每个人都在忙着他们自己的生活（也可能在关注着他们自己的缺点）。

我们的外表多多少少都有一些自己不喜欢的地方，重要的是把注意力转移到那些优点上，然后将优点发挥出来。当然，这需要练习。当我照镜子的时候，也会注意到一些自己不喜欢的地方，我就会试着将注意力转移到自己喜欢的地方。我们要做的事情有很多，不要总把重心放在这些让人情绪低落的事情上。

自信心与社交媒体

作为一个注重视觉感受的人，我喜欢在Instagram（照片墙）上搜索世界风情、美女、美食和艺术家，以及表达自己。然而，社交媒体也会带来消极影响：它过度过滤和粉饰了我们的生活，让人产生对自我的盲目迷恋，并且鼓励人们攀比，扭曲了人们的价值观。

要知道，你在社交媒体上看到的很多东西都不是真实的。许多“网红”、明星都经过了专业摄影师和营销人员的包装。那些可爱的比基尼照片看起来是那么自然和完美，但可能只是从精心挑选的角度拍摄，且经过了处理才得到的。当你对某些人的社交主页感觉不舒服时，最好别再继续关注他们了，或者至少提醒自己：你所看到的都是经过艺术加工的，而不是现实的。不要试图像别人一样生活或渴望获得他们那样的外表，那些都是虚构的，你永远也不可能做得到。

有很多鼓舞人心的女性，包括Mindy Kaling（敏迪·卡灵）、Lena Dunham（莉娜·杜汉姆）、Ashley Graham（阿什利·格雷厄姆）和Amy Schumer（艾米·舒默），她们反对贴出“完美”照片。她们正在谈论看量产图片的破坏性，以及如何更好地挖掘个性，如何让你将自己的“不完美”当作财富。多年来，我和许多女性一起工作，我发现最美丽的人是那些拥有幸福、自信、温暖和有幽默感的女性。珍视你拥有的这些品质比试图达到那些虚幻的目标强得多。

七位美丽、自信和鼓舞人心的女性的故事

我在工作中遇到过许多特别优秀的女性，她们中有首席执行官、作家、设计师、全职妈妈、医生、运动员、教师等。我总是被那些坚持做自己喜欢的事的女性所鼓舞。她们懂得如何克服困难，打破重重阻碍，最终达到自己的目的。我试着学习她们的精神，对自己充满信心。下面是这七位成功女性的故事，以及她们对自信、挑战、激情和美丽的看法。

Gabby Reece
（加贝里斯）

Gabby Reece（加贝里斯）在成为健身大师之前，还是世界上最好的职业排球运动员之一。如今嫁给Laird Hamilton（莱尔德・汉密尔顿）并成为3个女孩的妈妈的她，曾经还是一名模特。20世纪80年代末，我们在拍摄照片时相识。我为她在英国和意大利时尚展上化妆。我喜欢她的风趣、坦诚和自然不做作的风格。我们在外表上完全不同。她是一位金发美女，性格单纯。但我们同样热衷于健康的生活方式和健身。Reece将激情投入她的事业，展现出了女性美丽而强大的力量。

你最大的美丽秘诀是什么？

我的第一美容秘诀就是快乐。你的皮肤是内心幸福感的外在表现。我有3个女儿，焦虑在所难免。无论在工作还是家庭中，我都会有许多在意的事情，这些都是我焦虑的来源。我有时问自己："这真的值得我焦虑吗？"答案如果是"不"，我就会马上摆脱这种感觉。我相信在人际关系中，总有一种可以健康地表达自己感受的方式，而不是要将所有的事情都控制在手中。锻炼和健康饮食不仅能让我感觉良好，还能让我积极地应对压力。

你现在做什么健身操？

我每周抽3天时间做高强度循环训练（circuit training），夏天还会增加3天的水下负重弹道池训练（ballistic pool training）。这种训练方式可以让人在不容易受伤的情况下达到足够的运动量，是力量训练的另一种形式。

这种训练能增强你的肌肉、骨骼和肌腱的承受能力。随着年龄的增长，你可以做更多的高强度训练。短时间的高强度训练或弹道训练效果更好。

你的美颜膳食是什么？

含有ω-3脂肪酸的保健品对皮肤很好，我每天都会服用。蓝绿藻对皮肤也有好处。虽然它的味道不是很好（像海藻），但如果你坚持每周服用几次，很快就会看到效果。

在那些你感觉失落的日子里，你是如何找到自信的呢？

调整身体的姿态，可以影响一个人的心态。在我缺乏自信的时候，我会尽量夸张地站着，以一种指挥官的方式走路，这会改变我的心态。如果你感到情绪低落，它们就会在你的身体上表现出来：驼背、肩膀收紧。很多科学研究都证实了人们可以通过改变身体姿态来调节心情。

你平常如何护肤？

虽然我常常外出，但我很注重防晒措施。每天晒一点太阳对我们来说并不是坏事。我认为重要的是要做好保护措施，同时在阳光下获得维生素D。我每年会接受一到两次微晶磨皮，以去除肌肤表面的死皮。

你曾面临的最大挑战是什么？你是如何克服的？

当我还是个孩子的时候，我和母亲的朋友们在一起住了5年。那时候，我父亲去世了。直到17岁左右，我的生活才走上了正轨。我觉得，我们总是会遇到人生低谷和人生巅峰的，重要的是，如何在人生低谷时学会享受当下的生活，在人生巅峰时懂得感恩和保持足够的警惕。做到这些，你就会保持初心，找到属于你自己的人生。

> “我的第一美容秘诀就是快乐。”

Hannah Bronfman
（汉娜·布朗夫曼）

Hannah Bronfman（汉娜·布朗夫曼）是那种似乎拥有无穷能量的人。她热情、开朗，总是面带微笑。她与人共同创立了一个美容应用程序，帮助人们打造美丽的妆容。她也是全球知名的节目主持人。她在Instagram（照片墙）上向公众展示自己的生活方式，并以此吸引了很多粉丝。她向大家展现的内容大多数集中在健身、健康生活方式和美容上。

健身何时成为你生活的一部分？

我在16岁之前非常喜爱舞蹈，高中时参加了团队运动，大学里也一直非常活跃。我的祖母患有厌食症，她的去世促使我去追寻一种幸福健康的生活方式，一种她自己一生都未实现的生活方式。这种失落感激励着我上大学时探索自我和爱护自己。

你为什么如此喜欢变换锻炼方式？

我非常注重平衡自己的锻炼方式。如果我一周锻炼5次，那么我喜欢进行不同的锻炼方式。普拉提、拳击或者和我的教练一起上舞蹈课、蹦床课或者举重，我总爱随时变换锻炼方式，因此，我从来不会感到无聊。我感觉如果自己的身体对一种锻炼方式没有习惯，它就会一直处于兴奋状态。

“努力工作，尽情放松”是你的座右铭，这对你意味着什么？

这是我的生活方式。无论是在健身房还是在我的工作中，我都竭尽全力这么做。但我也很喜欢和朋友一起消遣和外出。我是一个社交型的人，喜欢和朋友们在一起。我认为重要的是享受每一刻的闲暇时光。

你最喜欢的美容食品是什么?

我最喜欢的一种美容食品就是抹茶。抹茶粉能够为我提供足够的能量。它富含抗氧化剂和维生素A，可以让人保持头脑清醒。我还喜欢将两大汤匙的胶原蛋白加入热饮或冰沙中。摄取胶原蛋白会让皮肤的弹性慢慢变好。叶绿素是另一种我非常喜欢的美容成分。含叶绿素的食品有些是液体的形式，也有一些是凝胶胶囊的形式。我个人喜欢液体形式的叶绿素食品。我通常会将两滴叶绿素加入1.5升水里饮用，它对血液、皮肤、消化系统都有好处。另一个美颜利器是水，每天摄入3升水，即使没有足够的睡眠我也会发现自己活力充沛。

你非常注重健康饮食，你有没有“欺骗日”(cheat day)①呢? 比如喝鸡尾酒或者吃糖果什么的?

我是一个崇尚无拘无束的人。我觉得如果我们白天工作非常辛苦，习惯于晚上偶尔喝上一杯也没关系。我不认为这是不好的事。我通常会喝一杯龙舌兰外加一些柠檬和冰块，因为我不想晚上摄入太多糖。我也喜欢玛格丽特和夏日玫瑰。我偶尔会在深夜吃些比萨什么的，只要适量都无妨。

> “失落感激励着我探索自我和爱护自己。”

注：①“欺骗日”(cheat day)：减肥中的cheat day是指在坚持节食的过程中偶尔“放纵”一下，吃一些减肥中严格禁忌的甜食或者高脂肪食物。“欺骗日”大多数是对于健身比赛人士而言的。因为长期高强度的训练，加上苛刻的饮食安排，再坚强的人也会随时崩溃。——译者注

Maye Musk
（梅伊·马斯克）

68岁时，身为一名模特的Maye Musk（梅伊·马斯克）比之前更加忙碌。Maye从15岁就开始了模特生涯，直到60多岁，满头白发还一直在从事着这个职业。近些年，她在这个职业生涯中取得了许多成就：上了《她》《时代周刊》《纽约》的杂志封面。模特并不是Maye唯一的工作，她还是一名知名的营养师。她的身上体现了健康与美丽之间的紧密联系。作为一名单身母亲，她抚养了3个孩子，且很好地平衡着工作和家庭之间的关系。她的孩子们分别是电影制片人Tosca Musk（托斯卡·马斯克）、企业家Kimbal Musk（金巴尔·马斯克）和特斯拉首席执行官Elon Musk（埃隆·马斯克）。

你什么时候开始意识到营养和美貌是密切相关的?

起初，我从未想过它们之间的关联。我之前一直将营养师的工作和模特的工作分割开来。现在我已经60多岁了，这两方面的工作却联系得越来越密切。不论做模特还是做演讲，保持身体健康和精力充沛都非常重要。在拍照过程中，年轻模特们都喜欢和我聊天。她们最大的困扰就是如何控制体重。我们大部分时间都需要健康饮食。诱惑无处不在！

你最喜欢的美容食品是什么?

人们总会因为受到传言和各种时尚饮食的影响而害怕吃某些食物，但其实它们对健康都是有益的：水果和蔬菜、牛奶和酸奶、全麦面包、谷类和土豆、豆类和坚果。

你会偶尔有“欺骗日”吗?

是的，我爱吃甜食！巧克力和甜食对我的吸引力很大，需要很强的意志力才能克制住它们的诱惑。当我的朋友们点甜点时，我就警告他们我可能会把他们点的都吃掉，然后在接下来的几天特别注意饮食。

你为身体健康做了哪些努力？

我会花功夫合理地安排饮食，并准备健康的零食以防止饥饿。如果你感到非常饥饿，就容易饥不择食！我在家总是吃有营养的食物，外出就餐时也尽量点健康的食物。这并不容易，但却非常重要。

你怎样让自己保持身材和健康？

我每天遛4次狗；每周大约安排5次跑步机、自行车或游泳训练，每次锻炼30分钟；每隔一天进行一次力量训练和拉伸训练。我不会勉强自己，因为这会让我痛苦。当去大城市做模特时，我喜欢走路去工作场所，这样可以一边观光一边锻炼。

你做模特已经50多年了。你认为自己的长寿秘诀是什么呢？

保持体重非常重要。在20世纪80年代，我曾经是一名大码模特。我厌倦了没完没了的节食，曾经想要放弃做模特了。然而这最终并没有发生，因为那时正需要大码模特。模特经常会有被拒的经历。这是这个行业里的家常便饭。你需要接受并继续努力。营养师的工作使我非常繁忙，需要经常去世界各地做演讲。因此被拒对我的心理影响不大。

对60多岁的女性来说，最好的美容秘诀是什么？

远离阳光，做好防晒。

你学到的最好的美容秘诀是什么？

保持快乐和积极的心态，保持微笑。

你是何时以及如何找到自信的？

我的兄弟姐妹和我自己都能够充满自信地成长，这多亏了我们有一对非常出色的父母。虽然我的自信心曾经遭到严重的打击，但我都努力地度过了那些时期。每个人都会遭受不幸和坎坷，如果你一直沉湎于此无法自拔，只会让你痛苦不堪。我如今已经年过60了，但我仍对自己充满了信心。60岁很好。

> “保持身体健康和精力充沛非常重要。”

Cassandra Grey
（卡桑德拉·格雷）

Cassandra Grey（卡桑德拉·格雷）将科技、好莱坞和美容业与她创立的Violet Grey网站结合起来。该网站获得了大量的搜索量，也让她获得了巨大的成功。她同时还创办了一本非常特别的虚拟杂志，名为*The Violet Files*。在该网站上，美容院的美容师和好莱坞的化妆师会为用户挑选最佳的彩妆产品，打造出像Cassandra一样的现代、迷人和完美的妆容。

你多年来学到的最有用的美容诀窍是什么?

用法国苏打水刷牙可以美白牙齿。漂亮整洁的牙齿就是一切。

你曾经做过哪些与众不同的美容疗法？你为什么喜欢它们?

纳米电流面罩真的很棒。星期日晚上用它按摩，对你的皮肤很有好处。

你从美容事业中收获了什么?

它让我获得了自尊。

你最喜欢的美容食品是什么?

鳄梨、椰子油和柠檬水。

你喜欢什么不健康的食物?

有很多，比如烤奶酪和煎饼。

你怎样保持健康?

多读书，保持良好的睡眠。

你怎样让自己更加坚强?

爱我的家人。

在那些低迷的日子里，你怎样让自己恢复自信?

感受家人对我的爱。

你遇到的最大的难关是什么？你是如何克服它们的?

我从基层做起，一步步做到现在。我的秘诀就是辛勤工作。我在离开时的开场白概括了我的愿望，它是这么写的："我不想成为环境的产物，我希望自己可以改变环境。"

> "我的秘诀就是
> 辛勤工作。"

Elle Macpherson
（艾勒·麦克弗森）

如果你去搜索Elle Macpherson（艾勒·麦克弗森）的Instagram（照片墙）账户就知道为什么她的昵称是“身体（The Body）”了。她已经50多岁了，但看起来和以前一样自信美丽。我从20世纪90年代开始就认识她了。这位曾经的超级名模，后来转型为企业家。她一直保持着健康美丽。Elle相信她看起来年轻与长期食用碱性食物有关。她在遇到Simone Laubscher（西蒙·劳布舍尔）博士后开始进入营养饮食行业，并与博士合作创建了一家名叫WelleCo的健康产品公司。这两位忙碌的妈妈由此开创了一段表达她们的美丽信念的职业生涯。Elle说：“我们的身体细胞如果被滋养得很好，我们就会拥有美丽的外表。”

你一直坚持碱性饮食，这与吃其他的健康食品有什么不同?

碱性饮食就是多吃蔬菜少吃肉类。这听起来很简单，但做起来却并不容易。由于我平时的日程安排非常满，经常需要出差，穿越不同的时区，因此常常很难安排健康的饮食。因此，我常常选择WelleCo的碱化果蔬添加剂。它确实是一种简单而有效的健康饮食选择。它是一种纯素食，含有有机和无麸质的食材。它可以为我补充丰富的营养：维生素、矿物质和益生菌，这有助于我保持健康和强壮。

碱性饮食与美容有什么关系?

身体的碱性程度对你的pH水平具有很大的影响，而pH值的平衡对人体健康至关重要。人类最佳的pH值范围是6.5～7.5。然而，现代生活方式和饮食让我们摄入过多乳制品、红肉和加工食品，这些都会扰乱身体的pH平衡。许多人的身体呈酸性，由此带来了许多健康问题。每天坚持食用碱性蔬菜之后，我发现自己的皮肤不再干燥，看起来更加富有弹性。营养学家称之为“碱性光辉”。皮肤是你心情的晴雨表。

你最喜欢的美容食品是什么？

水对于我来说是最重要的！我也喜欢绿色蔬菜和鳄梨、芒果、木瓜、黑莓、椰子等许多水果。它们都富含抗氧化剂和维生素，而且脂肪和卡路里含量很低，是夏季很好的美味食品。

我知道你曾经尝试过很多替代疗法。哪些对你的效果最为明显？

芳香疗法对缓解神经紧张和舒缓压力非常有帮助。

我一直寻求快乐，因此常常会进行一些能让我心情愉快的运动。业余时间，我喜欢滑雪、游泳或徒步旅行这些能够让我去户外享受大自然的运动。

当你感觉消沉的时候，会采取何种方式恢复自信？

我坚持每天冥想半小时左右。我发现它有助于保持我的健康，使我寻找到坚强和自信。我非常注重保持每晚的睡眠质量，让自己第二天能够保持足够的精力。幸福和健康是我的最终目标。

你遇到的最大的难关是什么？你是如何克服它们的？

相信自己。我现在已经52岁了，懂得自信来自智慧、直觉、经验和爱。

你多年来学到的最有用的化妆诀窍是什么？

尽量简单。如果你身体健康，皮肤也很健康，不需要化很复杂的妆容就会散发出自然光芒。我通常选择纯净的化妆品。这就是我喜欢Bobbi Brown（芭比·布朗）唇彩的原因。我也会使用眉笔。我有着金发碧眼，因此，只使用眉笔填充眉毛，就能让我的眼睛更加有神。

> “我现在已经52岁了，懂得自信来自智慧、直觉、经验和爱。”

Olivia Munn
（奥利维亚・玛恩）

当我第一次采访Olivia Munn（奥利维亚・玛恩）时，她正在洛杉矶开着车，而我在新泽西的卧室里。我们聊了很长时间。我喜欢Olivia的坦率、开朗和风趣。她也非常有活力。她还获得了跆拳道黑带，有一个非常优秀的男朋友，一名绿湾包装工队的四分卫。她还拥有成功的演艺事业，脚踏实地地经营着自己的事业和生活。她健康的形象让她在电影中表现得非常出色。Olivia一直热衷于研究最领先的美容护肤方式，比如吃含有透明质酸的食物等。我们的谈话内容一直围绕着"美，由内而外"这个话题。

你喜欢什么样的运动或锻炼？

我在《X战警》中表现非常出色，这多亏了我良好的身体状况。我每天的目标是学习新的技能或运动，这不仅能减轻我的体重，还能锻炼肌肉。它让我的大脑和身体都得到了锻炼。我认为这是最适合我的锻炼方式。我不太在意自己看起来是否完美无缺，或者是否适合穿某条牛仔裤。相反，我在意的是如何尽可能地让自己更加健康和强壮，因为一旦实现了这个目标，其他一切都会自然而然地实现。

催眠师真的能够让你热爱锻炼吗？

确实如此。在体操、啦啦队和跆拳道运动中，我总是非常活跃，因为我总是带着目标参加这些体育项目。如果我想做一个旋转后踢，我会先分解这个动作，然后学着去做。所以基本上我从来没有在我的大脑中创造激励自己跑步或举重的途径。看催眠师能够促使我有动力开始锻炼，即使是想要看起来更苗条或更健康的想法，也无法有同样的作用，找到动机很重要。

健身和美容是如何重叠的？

在拍《X战警》之前，我不会和它们打交道，但现在我无法与它们分开。保持身材使我感到自信，因为我知道无论生活对我有什么影响，我都能给自己最恰当的机会去征服它，不仅仅是身体上的，还有精神上的。当我学会跳跃、踢或平衡时，我获得了信心和动力去面对任何障碍。在美容方面，当你锻炼的时候，血液循环会加快，研究表明，血液循环加快有助于延缓衰老，使你的皮肤更具弹性。

你尝试过什么美容疗法？什么是有效的，什么是无效的？

我做过激光治疗。据说它能深入你的皮肤，可以促进胶原蛋白的生成。但是那些曾经取得很好疗效的人皮肤状态已经开始下降，所以我还不能确定它是否真的对我有效。我只做过一次。如果将疼痛的等级分为1 ~ 10级，那么它给我带来的是“15级”。那种感觉就好像有人拿着一个滚烫的熨斗对着我的脸，一次又一次地熨烫，每次5秒钟。有人建议我每年做一次，以防止衰老，但我不确定自己是否还能再次忍受这种痛苦。

你最喜欢的美容食品是什么？

我相信我们所吃的食物能够抗衰老或者让我们加速老化。我喜欢吃富含透明质酸的食物：黄秋葵、芒果、芫荽和某些土豆。具有防晒功效的食物是很好的抗老化剂。我有雀斑，我喜欢它们。但是晒斑和雀斑不同。我每天晚上使用褪斑产品来消除白天阳光对皮肤的影响，保持皮肤色调均匀。

你遇到的最大的难关是什么？你是如何克服它们的？

我一直在与焦虑做斗争。我在过去的一年中取得了很大的进步，并为此感到非常自豪。我的焦虑表现在有强迫症和拔毛症。曾经有焦虑症状的人会明白那是一段怎样令人疲惫的经历。承诺改变并不像听起来那么容易，但我正在想办法。不强迫自己一夜之间就能完全改变，允许自己一点点地前进，甚至在前进的过程中偶尔停滞不前也没关系。这样的方式和态度让我坚持了下来。这是我最大的成就，我感觉自己已经慢慢地摆脱了焦虑。

你在拍摄电影的过程中学到的最好的化妆技巧是什么？

将遮瑕膏用于眼睛上方倒三角形区域，可以增强眼部的立体感，让眼睛看起来更加动人。

当你的皮肤状态不是很好的时候，化妆师通常如何补救？

化妆师通常会在这时为我化一张“娃娃脸”。它让我看上去很美：整张脸刷上腮红，描出眉形，最后涂上闪亮的唇彩。当嘴唇和腮红的颜色几乎相同的时候，它会让你的脸看起来非常好看。

> “保持身材使我感到自信，因为我知道无论生活对我有什么影响，我都能给自己最恰当的机会去征服它，不仅仅是身体上的，还有精神上的。当我学会跳跃、踢或平衡时，我获得了信心和动力去面对任何障碍。”

Laila Ali
（莱拉·阿里）

一个能在拳击场上散发光彩的女人真是令人敬佩。而小时候几乎不参加任何运动，却4次取得世界冠军的女性就更令人难以置信了。这就是Laila Ali（莱拉·阿里）。作为拳击界的传奇人物Muhammad Ali（穆罕默德·阿里）的女儿，Laila在拳击比赛中也取得了辉煌的战绩。现在，她是一名健康和健身专家。Laila集聪明、美貌于一身，拥有恬淡的个性，是健康、美丽和自信的典范。

你在拳击生涯中学到了什么？它是如何影响你的自我认知的？

我学会了如何做一名运动员。我小时候从来没有参加过体育运动，是拳击教会我通过自律、专注和奉献，来做任何自己想做的事情。拳击让我总是以冠军的标准来要求自己，无论是在身体上还是在精神上。

你总是充满自信吗？

我一直以来都比常人更加自信。我认为，在没有父母限制的家庭里长大，有助于我培养自信心并对自己产生积极的认知。我很早就意识到每个人都会犯错误，也没有所谓的“完美”。这使我不害怕失败，能够勇于表达自己的恐惧。

当你不进行拳击训练时，会从事什么训练呢？

我喜欢将各种运动结合起来！当我锻炼的时候，我喜欢流汗和挑战自己的感觉，这能让我感受到运动的效果。我通常会跑步、旋转、爬楼梯，也会击打沙袋、做力量训练和腹部锻炼，直到汗流浃背。我尽量坚持每周抽出4天进行锻炼，每次至少60分钟。

你的饮食结构是什么?

我喜欢吃蛋白质奶昔，因为这是最简单的获得我身体每天所需营养的方法。我将蓝莓、菠菜、椰子油、蛋白质、鳄梨、小球藻、玛卡粉和可可粉混合在一起。我也喜欢将甘薯作为我的能量来源!

美丽的外表能为你增添自信吗?

当我的皮肤看起来很水润时，我感到最自信。

当你只有5分钟的时候，你会怎样完成护肤和化妆步骤?

我的护肤程序很简单。从面部的清洁和保湿开始，然后涂上防晒霜、睫毛膏和唇彩!

你遇到的最大的难关是什么? 你是如何克服它们的?

我在生活中遇到的最大的挑战是如何让自己的精神和身体充分地放松，这样我就可以完全体会当下。我有时在各种工作中疲于奔命，这让我感到焦虑不安。每天练习冥想对我的生活产生了很大的影响，帮助我有序地安排忙碌的生活，让我内心平静地完成目标。但我还在不断地努力。

> “拳击让我总是以冠军的标准来要求自己，无论是在身体上还是在精神上。”

5 肌肤保养

健康的皮肤最美丽。健康且富有光泽的皮肤来自良好的基因和健康的生活方式。我曾经目睹许多人忽视自己的健康。许多年轻美丽的模特们，原本拥有一双明亮的眼睛和鲜活的面孔，可是没过多久就显得疲惫而憔悴。吸烟和长期的不良饮食习惯都会让年轻人看起来很糟糕。但我也看过那些注重饮食健康并坚持锻炼的人，他们看上去越来越美丽自信。

我的建议非常简单：每天喝足量的水，保证充足的睡眠，多吃美容食品，坚持运动让自己出汗，并且学会照顾你的皮肤。在这个基础上，合理使用保养品可以有效地改善皮肤的状况。健康和美容是密切相关的。当你的皮肤出现问题时，营养师和皮肤科医生都可以为你提供帮助。以下是我结合了营养以及皮肤方面的专家的建议，提出的简单有效的皮肤护理程序，并列举了一些实用的护肤产品，旨在为你打造健康的肌肤。

最有效的护肤成分

——皮肤科医生的建议

为了帮助你改善肌肤状况，曼哈顿皮肤科医生Sejal Shah（莎迦・沙阿）博士分享了八种最有效的护肤成分，即：

生长因子

多肽

透明质酸

羟基酸

天然润肤油

视黄醇

维生素C

维生素B_3

生长因子和多肽

这两种成分都有修复和促进皮肤再生的功能。许多抗衰老的护肤品中都含有这两种成分。每天使用这些抗衰老护肤品可以促进胶原蛋白和弹力蛋白的产生。坚持使用可以明显改善皮肤状态。

透明质酸

透明质酸是可注射填充物的主要成分，也是眼霜、面霜、身体乳液和凝胶的主要成分。将含有透明质酸的产品涂抹到皮肤上，你会看到肌肤纹理立刻变淡，皮肤看起来明显饱满、富有弹性。这是因为透明质酸是皮肤的一种主要组成部分，有助于皮肤保湿。使用之后，具有立竿见影的效果，并且效果持久。经常使用，具有消炎和修复功效，让肌肤保持柔软透亮。

羟基酸

无论你是想淡化细纹还是清洁毛孔，α－羟基酸和 β－羟基酸都是关键成分。它通常出现在精华露和保湿霜中，能够加速细胞代谢，帮助皮肤表层脱离，从而露出新的皮肤。

天然润肤油

含橄榄、葡萄籽等天然植物成分的润肤油具有强大的补水作用，可以改善干燥敏感的皮肤状态。它们含有丰富的脂肪酸，可以保护你的皮肤。如果你不喜欢含化学成分的护肤品，这些都是很好的选择。你可以用手指或棉签直接将其涂抹于全身肌肤，或只是针对干燥部位使用，如脚后跟、肘部和其他角质层较厚的部位。

视黄醇

视黄醇是一种天然抗衰老成分，可以帮助肌肤产生胶原蛋白和弹力蛋白，减少色素沉着，促进细胞的新陈代谢，去除角质层。视黄醇在阳光下会遭到破坏，因而适合在夜晚使用。对视黄醇敏感的人可以在适应前一天隔一天使用，适应后改为一天使用一次。每次用量为一个硬币大小。每晚将视黄醇与含有生长因子、多肽或维生素 B_3 的舒缓晚霜一起使用，可以起到保湿和舒缓皮肤的效果。一开始最好使用化妆品柜台出售的含视黄醇的护肤品，因为它比药妆护肤品对皮肤的刺激小。

维生素C

维生素C是一种高效抗氧化剂，具有润泽皮肤、镇静消炎、改善细纹、减少色素沉着、保护皮肤免受自由基损伤的作用。它是一种神奇的天然营养成分。将它加入防晒霜并每日使用，防晒霜的某些成分将保护你免受紫外线辐射，而维生素C则会抵消太阳光带来的伤害。含维生素C的精华霜通常使用深色瓶包装，以免使其暴露在空气和光下（这两者都会减弱维生素C的作用）。维生素C含量高的产品往往价格更加昂贵，但效果往往也更好，值得拥有。

维生素 B_3

维生素 B_3 是一种消炎和抗刺激剂，适合敏感型皮肤。它还可以帮助改善红肿暗沉，重建皮肤屏障，使皮肤看起来更健康、明亮和滋润。

你的护肤兵工厂

你的皮肤会因为生活方式和环境的改变而改变。因此，你日常使用的产品也应该随之变化。你需要常备不同的护肤组合，为皮肤提供所需的帮助。在日常护肤过程中，首先需要使用不会损伤皮肤的清洁产品清洁皮肤。你即使是油性肌肤，在皮肤清洁之后也不应该感到紧绷（否则就是你使用的洗面奶清洁力度太强了）。在特别干燥的季节或当你的皮肤感到特别缺水时，你就需要将润肤霜换成含润肤油较高的润肤乳，或者增加几层滋润产品。我喜欢先用一种能够被迅速吸收的润肤产品来滋润肌肤。有时，我会再加上一层含润肤油较高的润肤产品。市面上有许多可供选择的产品，以下是我对一些基本产品的介绍和分析。

爽肤水

为了起到舒缓保湿或控油的效果，洁面之后需要使用爽肤水。不要使用含酒精的爽肤水。因为即使你是油性肌肤，酒精成分也会刺激你的皮肤。尽量寻找配方中含芦荟、薰衣草和黄瓜等镇静成分的爽肤水。

精华露

精华露富含让皮肤新生的活性成分，是日常护肤必不可少的护肤品之一。精华露针对性更强，除了保湿之外，还能起到更多的效果。精华露具有改善痤疮、减少细纹等许多不同功效。在清洁和保湿步骤之后可以立即涂上精华露，然后再使用其他护肤产品，以确保活性成分被完全吸收到皮肤中。你会发现它们可以使皮肤表面更加光滑。虽然你的皮肤可能已经很滋润了，但你仍然需要使用精华露来帮助肌肤锁住水分。

润肤油

不要害怕使用润肤油。润肤油会阻塞毛孔，或者油性皮肤不能使用润肤油都是错误的认识。实际上，它适合任何类型的皮肤，能够使皮肤看起来更透亮，而且它的锁水功能是面霜无法取代的。你可以在脸上和身体上使用润肤油。对于身体，可以在淋浴后用毛巾擦干皮肤，然后再使用。而在脸上使用时，则可以将它加入你的保湿霜中，以提供更强的保湿效果，或者在润肤后轻轻地在脸颊上拍打少量的润肤油。我也会在一天结束之后，用它为长时间带妆的皮肤补充水分。

保湿霜

每个女人都应该拥有一款适合自己的保湿霜，让皮肤变得更加水嫩、光滑。好的日用保湿霜应该很容易被吸收，为化妆打造完美的肌肤质感，还应该保护肌肤不受紫外线伤害。夜用保湿霜应该更加厚重，具有更强的锁水和抗衰老成分。

香膏

香膏是在皮肤超干时需要用到的一种护肤品。它含有丰富的水溶性油脂成分，能够提高皮肤的锁水性，使皮肤更加紧致和光滑。在严寒的冬季，香膏可以作为晚霜使用，也可以用作日霜。

洁面产品

洁面产品的作用是清除面部污垢、化妆品和杂质。香皂对大多数人来说使用后太干燥了，推荐大家使用市面上销售的那些乳白色的乳膏状或凝胶状的洗面奶或洁面膏。我喜欢使用泡沫丰富且很容易用温水洗掉的洁面产品。去除睫毛膏和眼妆则需要在清洁之前使用专用的眼部卸妆产品，这有助于彻底清除眼部残留的化妆品。防水眼妆和睫毛膏需要使用专用的卸妆膏。

去角质产品

不论你是什么类型的皮肤，都需要定期去角质，以保持肌肤更加光滑，让保湿产品吸收得更好，使你的皮肤柔软而健康。应该根据你的肌肤选择一款适合的去角质产品。对于面部角质，最好使用去角质凝胶或去角质面膜，以减少对面部皮肤的损伤。对于身体来说，含有海盐或红糖配方的去角质膏是很好的选择。我建议每周用一次或两次去角质产品，然后根据需要进行保湿。

保湿霜　去角质产品

香膏　洁面产品

面膜

我通常一周在家做一次面膜。当我感到面部毛孔阻塞时，通常会使用具有清洁作用的黏土面膜，以去除多余的油脂和堵塞毛孔的杂质。去角质面膜可以去除面部的死皮细胞，使脸上露出美丽光滑的皮肤。保湿面膜能使干燥的皮肤更柔软、细腻。

具有修复功能的产品

日常饮食中的营养成分能够对我们的皮肤产生效果。许多天然营养成分可以针对各种潜在的问题进行修复。例如，透明质酸复合物可以修复干燥皮肤；红藻可以对敏感肌肤产生镇静作用；麦卢卡油、玫瑰果油和水杨酸可以治疗痤疮，并具有控油效果。

日常护肤程序

你的皮肤每天都不一样。因此，每天的皮肤护理程序也应该有所不同。以下是对大多数人都有效的基本的护肤程序。你可以根据个人的皮肤需求进行调整。

清洁

日常护肤应该从清洁开始。每晚使用清洁产品将残留化妆品和污垢洗净。千万不能忽略这一步！如果你画了眼妆，还需要卸妆液卸除眼妆，再做面部清洁。

护肤

将各种功效不同的保湿产品分层叠加使用可以达到最好的护肤效果。每种产品充分吸收一两分钟后再使用下一种产品。每种产品会给你的皮肤带来不同的效果：保湿霜让皮肤更饱满、有弹性，润肤露使肌肤光滑水润。不同产品可以协同工作，创造出完美肌肤。

清晨护肤程序：清晨护肤应该从使用防晒霜开始（使用防晒指数15及以上的防晒霜）。如果你准备出门，建议使用带有防晒效果的润肤霜。然后在眼睛下面轻轻拍上少许眼霜。化妆之前再涂上一层保湿霜。注意不要让你的皮肤过度滋润，否则容易脱妆（保湿效果很强的保湿霜最好放在夜间使用）。在干燥季节，使用防晒霜之前应先使用少许润肤油，并且让它充分吸收，然后再涂一层厚重的润肤霜（在皮肤非常干燥或者乘飞机的时候）。如果你想让皮肤看上去非常水润，可以再在脸颊上涂一层润肤油。

夜间护肤程序：在洁肤和使用爽肤水之后，使用少许精华露恢复肌肤活力，然后再涂一层滋润效果较强的护肤霜、润肤油和保湿霜。如果第二天清晨醒来之后还能保持皮肤柔软水润，说明你的护肤品使用得当，但如果你清晨醒来皮肤干燥缺水，就需要调整护肤产品了。

自制护肤产品

你可以根据自己的肌肤状况调制更加适合的护肤品。比如尝试将润肤霜或精华露加入化妆品中；把润肤油和润肤霜混合在一起，调制成一款更加轻盈水润的产品；或者将粉底加入保湿霜中，调制成带修容效果的保湿霜；将精华露加入护肤液中，加强补水效果，再加入少许古铜粉，让肌肤焕发健康的光泽。

肌肤唤醒秘诀

——护肤专家的建议

Mila Moursi（米拉·莫瑞斯）是好莱坞顶尖的护肤专家之一，她有许多忠实的客户，其中包括Sandra Bullock（桑德拉·布洛克）和Jennifer Aniston（詹妮弗·安妮丝顿）。她有自己的护肤系列产品——Mila Moursi高级皮肤护理产品和Mila Moursi皮肤护理研究室。我们对美容护肤有相似的看法：我们都认为美容不只是使用护肤品。以下是她的一些日常护肤小贴士。

良好的生活方式：美无疑是由内而外的。健康充实的生活方式至关重要，自我约束是关键所在。保持良好的生活方式、健康的饮食、摄入足够水分、深呼吸、定期锻炼、保证充足的睡眠、每天冥想都很重要。

良好的消化系统：吃东西时细嚼慢咽。让你的消化道保持良好的工作状态能够为肌肤带来意想不到的效果。每晚可以吃一汤勺麸皮薄片以增强你的消化道功能。如果你对麸皮过敏，可以改用益生菌。不要食用加工食品和含糖量高的食物，它们会直接影响皮肤的质地和状况以及你的整体健康。

摄入足够水分：每天喝8 ~ 10杯水。但也别太多，因为过多地饮水会导致一些人体必需的矿物质的流失。如果可能的话，喝碱性水或者在饮用水中加入新鲜柠檬，这有助于系统排毒以及水分的充分吸收。

做好皮肤清洁：日常的面部清洁是去除毒素和油脂的必要步骤。清洁彻底更利于皮肤吸收营养。清洁面部时，用手指快速地在皮肤上做圆周运动，然后用温暖的毛巾擦拭掉洁面膏，最好轻轻拍上少许爽肤水，完成整个清洁过程。

坚持干刷：每天用干的身体刷从头到脚轻刷皮肤几分钟，以改善循环，去除死皮细胞，促进淋巴循环，清除毒素。

坚持日晒：尽可能每天坚持户外活动。适当接受阳光照射没有坏处。阳光可以帮助吸收维生素D，对骨骼和皮肤都有益。它还能让人心情愉悦。根据你的皮肤类型、家族史、年龄和健康状况，选用防晒指数适宜的产品。

不要混合不同品牌的护肤品：不同品牌的护肤品有时会具有互不相容的活性成分，最好不要混合使用。

给肌肤一段时间以适应护肤品：无论什么护肤品都需要一定的时间才能为肌肤带来变化。如果使用两个月之后还未看到效果就可以再尝试其他产品了，但一定要给它一段时间以观后效。

面部护理和面部按摩：定期的面部护理可以使你看起来更加年轻。在家里，你还可以通过按摩来改善肤质。每天坚持按摩可以促进血液流动，利于吸收营养，使皮肤活力十足。指尖轻轻敲打皮肤有利于唤醒你的皮肤。具体做法是用手指沿着皮肤轻快地敲打（就像弹钢琴一样）。为了达到最佳效果，你可以在使用精华露之后再采取这种方式进一步激活其中的活性成分。在你使用面霜、润肤油或香膏时轻轻地按摩皮肤，可以促进护肤品的吸收。从你的面部中心开始，用手掌轮流向上推脸部的侧面。然后按摩颈部：在颈部涂上乳液或润肤油，从锁骨向下颌轻轻按摩皮肤，然后继续沿着下巴向耳朵下方按摩。在颈部和面部两侧各重复以上动作10次。最后，沿着下巴线轻轻捏起皮肤，以进一步加强皮肤下层血液循环。

面部SPA

——美容专家的建议

面部护理是使用各种护肤品对面部皮肤进行按摩和治疗的护肤方式。现在，有很多非常好的面部SPA（水疗）能为你打造完美肌肤。美容师 Tracie Martyn（特雷西·马丁）拥有许多忠实的客户。Tracie Martyn 为她们提供最尖端的面部和身体护理。“我的护理根据客户的需要使用了很多先进的技术，其中包括各种颜色的LED灯（红色用于促进并提升面部细胞活力，琥珀色用于除皱，蓝色用于治疗粉刺），以及专用的美容仪器。它可以发出柔和的电流，帮助皮肤提高韧性，提升面部轮廓，让肌肤更加精致。”Martyn 解释说，“但是，我仍然会使用手动按摩。因为我认为人类的触摸有利于治疗和修复许多肌肤问题。”

Martyn 为我们列举了当今所使用的面部护理技术。

LED疗法

LED（发光二极管）疗法是一种无痛、无创的面部治疗方式。它不像激光疗法，不需要时间来进行修复。它甚至还能改善心情（研究显示，红光能够改善季节性情感障碍）。

生物学家发现，来自红色LED的光能够促进细胞快速再生。它能增加细胞的内部能量，加速皮肤愈合。

对于那些想减少衰老迹象的人来说，红色和琥珀色LED灯是最好的选择。红色LED灯的光可以改善皮肤外观，使其看起来更加年轻、光滑、有弹性，更加健康，并且还可以加快皮肤的恢复过程，有助于消除炎症。琥珀色LED灯的光已经被证明可以减少皱纹，抑制基质金属蛋白酶的产生。这是一种应激酶，能够引起皱纹的产生，让肌肤缺乏弹性，更容易被晒伤，产生黄褐斑和其他色素沉着。用LED灯给皮肤细胞“充电”，只需不到1分钟，就能使皮肤产生更多的胶原蛋白和弹力蛋白，从而变得柔亮、光滑。

研究表明，蓝色LED灯具有显著的杀死包括丙酸杆菌在内的痤疮细菌的能力。虽然LED灯的治疗效果取决于个人的健康状况、饮食习惯、肤色、年龄和生活方式，但通过6～8次治疗，通常会让皮肤发生显著的变化，持续使用还能产生更加持久的效果。将已知的用于杀死痤疮细菌的蓝色LED灯与能够帮助细胞再生的红色LED灯结合使用，可以产生更加有效的协同作用。

微电流疗法

当使用得当时，由特定微流供电的高科技设备可以提升、稳固颌骨线和颧骨，减少眼部区域的浮肿和暗沉。光电之间有非常明显的协同作用，通过刺激皮肤来对某些区域进行治疗，可以让我们的面部和身体皮肤更加年轻、紧致和光滑。

微晶磨皮术

微晶磨皮术是一种去除死皮、促进表皮细胞再生的手术。它将氧化铝晶体喷洒到皮肤上，去除表层死皮细胞和污垢，让皮肤看起来更加柔软明亮。

氧气疗法

氧气疗法可以帮助皮肤恢复弹性和光泽，还能让面部皮肤更加紧致平滑。这种疗法现在正受到越来越广泛的欢迎。

常见皮肤问题的解决方法

——营养学家和皮肤科医生的建议

人们吃的东西会影响他们的皮肤，但是痤疮、湿疹等肌肤常见问题实际上是由不同的食物引起的。当你遇到皮肤问题时，可能仅仅通过吃某些食物或者避免吃某些食物就可以解决，也可能需要某种专门的治疗手段。在这里，营养师、食品培训师Lauren Slayton（劳伦·斯莱顿）和皮肤科医生Rosemarie Ingleton（罗斯玛丽·英格顿）为大家带来了他们关于如何解决六种常见皮肤问题的建议。

痤疮

营养学家的建议：会引起痤疮的饮食主要是牛奶以及含糖食物，这些食物会导致血糖飙升。对于有痤疮问题的客户，我建议每天摄入玛卡、肉桂和苹果醋。玛卡具有调节激素分泌的功效。肉桂和苹果醋有利于控制血糖。我建议每天早餐或晚餐前饮用一杯加入了一大勺苹果醋的水，或者在肉食中加入肉桂或玛卡，最好是锡兰肉桂和有机玛卡粉。

皮肤科医生的建议：如果你的面部痤疮集中爆发，最重要的是将你的保湿和清洁产品换成无油和对抗痤疮的那种，然后使用含有抑制导致痤疮的细菌的护肤品。你可以先试着将含有水杨酸的非处方产品应用于痤疮严重的部位。如果效果不太理想，建议去寻求皮肤科医生的帮助。医生会根据你的痤疮类型和皮肤情况对症下药。

湿疹和酒渣鼻

营养学家的建议：来源于豆类以及乌龙茶等植物的植物蛋白已被证明有助于治疗湿疹。不含乳制品的饮食对治疗湿疹和酒渣鼻都有帮助。酸奶及含有益生菌的保健品也有助于解决这类皮肤问题。建议服用CFU含量超过300亿的含有多种益生菌（如双歧杆菌、嗜酸乳杆菌和鼠李糖）的保健品。另外，泡菜和发酵胡萝卜等发酵蔬菜也是获得益生菌的另一个来源。

皮肤科医师的建议：对于治疗湿疹，建议不要使用肥皂或含香水的香皂清洗身体，因为这些产品只能让湿疹加重，建议使用富含保湿成分的保湿乳。对于湿疹非常严重的情况，需要在局部使用含类固醇的处方药物。湿疹症状一般应在10 ～ 14天内得到缓解。

酒渣鼻一般在辛辣食物、红酒、日晒、低温等刺激下发生。它通常难以彻底治愈，但可以通过使用温和的清洁产品、防晒霜，并且避免上述已知的触发因素而得到控制和缓解。

黑眼圈

营养学家的建议：黑眼圈或眼袋通常是由过敏引起的。天然的抗组胺药，如槲皮素、黄酮类化合物，都可以帮助消除和淡化黑眼圈和眼袋。槲皮素通常在黑色浆果（如黑莓、蓝莓）和绿茶中含量很高，你也可以购买含槲皮素的保健品。为了获得最佳效果，每天摄入浆果、绿茶或服用1 ～ 2次保健品。

皮肤科医生的建议：黑眼圈是由许多不同的因素引起的，包括过敏、充血、遗传和自然衰老等。皮肤科医生可以根据黑眼圈的产生原因帮助你进行正确的治疗，其中包括激光、用抗组胺药以及含绿茶和维生素 K的眼霜等。

皱纹

营养师的建议：一些食物可以促进胶原蛋白的产生，从而减少皱纹。我喜欢食用骨肉汤和含明胶的食物来增加胶原蛋白。在非肉类中，维生素C也是一种很好的抗衰老成分。因此，服用含胶原蛋白和维生素C的保健品和使用含这两种成分的精华露都是对抗皱纹的有效方法。

皮肤科医生的建议：太阳是导致皱纹的罪魁祸首。因此，必须每天坚持使用防晒霜（防晒指数高于30），并在强烈的阳光下戴上帽子，避免晒黑。含有维甲酸和果酸的产品有助于促进皮肤新陈代谢并起到软化表皮细胞的作用。建议每天在局部使用抗氧化剂来帮助细胞愈合，延缓细胞老化。

干性皮肤

营养学家的建议：干性皮肤意味着皮肤需要补充维生素A。红薯和绿叶蔬菜中（如菠菜、羽衣甘蓝）含有丰富的维生素A。锌有助于维生素A的吸收。富含锌的食物有贝类、胡萝卜等。

皮肤科医生的建议：对抗皮肤干燥，你必须从身体内部对皮肤进行有效的补水。每天至少喝8杯水。确保你使用的清洁产品、肥皂、精华露都含有高效的保湿配方。建议选择含甘油的配方。润肤油也有很好的保湿效果。对于干性皮肤，最好选择芝麻油、橄榄油、澳洲坚果油和杏仁油。你可以每天将润肤油直接涂抹在皮肤上。

家庭SPA

现在你已经知道，美容食品能够为你的身体和皮肤健康带来巨大的影响。但其实你的日常食品也可以直接在头发和皮肤上使用。从面膜到保湿霜，我们都可以在家自制。以下是我最喜欢的厨房美容护理配方。

头发调理剂

鳄梨油、橄榄油或椰子油：这3种都能够对头发起到很好的补水作用。橄榄油的补水效果最好，其次是椰子油，鳄梨油效果稍弱。只需要在洗头时，稍稍拧干头发里多余的水，然后将它们涂抹在头发上，用橡皮筋绑好头发，让油浸泡15分钟，然后冲洗干净即可。我建议每周做一次油疗。如果你属于油性头发或油性头皮，做油疗时只涂抹发尾就可以了。

亮发剂

苹果醋：随着时间的推移，洗发水和护发素会在头发上累积而使头发变得枯涩且毫无生气。为了使头发恢复健康，洗发后可以用一杯苹果醋冲洗头发，再用清水冲洗干净。当你觉得自己的头发看起来干枯毛躁时就可以进行一次这样的护理，并且一个月之后再重复一次。

对抗粉刺

柠檬会对油性皮肤起到很好的治疗作用。只要把棉花球蘸上鲜榨柠檬汁，

然后将其涂抹在T区或毛孔堵塞和油腻的区域即可。你也可以用柠檬汁来治疗丘疹。

去除身体角质

我一直想要寻找一种能够有效地去除身体粗糙部位的角质的理想方法。没想到最后我在自己的厨房里找到了答案。在清理厨房抽屉时，我意外地发现了一个闲置不用的马铃薯洗涤手套。它在去除身体角质方面创造了奇迹。我经常将它用来去除腿部和脚部的死皮。我们每个人都能在美容护肤时发挥各自的想象力，找到最适合自己的方法和工具。

红糖和橄榄油：这是一种温和地去除身体角质的配方。在淋浴前将两份橄榄油和一份红糖的混合物涂抹在身体表面，然后冲洗干净，可以达到有效地去角质和保湿的功效。你的皮肤沐浴之后会变得非常水润，甚至不用再涂润肤霜了。

海盐、柠檬汁和橄榄油：如果你想要更加强烈的去角质效果，可以将两份橄榄油、一份海盐和一份柠檬汁混合在一起。柠檬可以起到收敛控油的效果，海盐提供更有力的磨皮效果，橄榄油有保湿功效。使用后可让皮肤看起来更细腻有光泽。

唇部去角质

蜂蜜与红糖：将两份蜂蜜和一份红糖混合后轻轻擦拭唇部，直到红糖完全溶解，然后用纸巾擦去多余的物质，最后涂上唇膏。

卸妆液

橄榄油、椰子油、荷荷芭油：几乎所有的天然油都能有效地卸妆，并为肌肤补充水分。只需将其涂抹在化妆棉上，在脸部轻轻擦拭即可。

润肤油

定制专属于你的润肤油：十多年前，我用维他命E、芝麻、甜杏仁、橄榄油和荷荷巴油，再加上橙花、广藿香、薰衣草和檀香等香料，为我的品牌创造了完美的润肤油。我还调制了许多我自己使用的油。你也可以尝试自制专属于你自己的润肤油。将你喜欢的任何一种油与其他物质混合起来（橄榄油、椰子油、葡萄籽油和鳄梨油都有非常显著的保湿功效），然后滴几滴精油增添香味（我最喜欢的是橙花和橙香精）。将它装进一个漂亮的玻璃瓶，你就拥有了自己定制的神奇的润肤油。

基础妆容

只需要稍许化妆就能带来令人惊叹的效果。遮瑕膏可以轻松遮盖黑眼圈，眼线让你的眼睛分外夺目，腮红让你的气色红润、活力十足。恰当的妆容能够让你感觉更加美丽自信。

化妆看上去非常复杂，很难上手（尤其是优兔上的化妆教程），但其实并非如此。只要掌握了化妆的诀窍，你完全可以做得很好。从挑选适合的粉底到遮盖黑眼圈，再到使用斜角眼线刷，有很多很好的方法能帮助你将最美的一面展现出来。

化妆并不复杂，有简单的技术和非常容易使用的产品。这一章将从最基本的化妆技巧开始介绍：如何为自己挑选合适的产品以及如何使用它们。只要掌握了这些基本技巧，你就能化出各种不同的妆容。

BOBBI BROWN

粉底

适合的粉底能够完美贴合你的皮肤，帮助你打造靓丽的晚妆，给你带来完美无瑕的妆容。想要找到合适的粉底，首先要确定你需要什么样质地的产品。粉底包括轻薄的粉底霜、遮盖效果很好的粉底棒等许多不同质地的产品。你可以选择高遮瑕、半遮瑕或者轻薄型的产品。最后，你需要确定与你的肤色匹配的粉底颜色。

由于你的肤色会随着不同季节变化，因此，你需要配备几款不同的粉底。

粉底类型

粉底霜：它同时提供了保湿霜和粉底的功效，质地轻薄。

粉底膏：市面上膏状的粉底产品不多。它非常水润，有淡淡的色调，保湿效果很好，是成熟女性和干性皮肤很好的选择。

粉底液：粉底液是最经典的粉底。它的遮瑕效果包含轻薄型和高覆盖型，也包含珠光和亚光。可以用手指、刷子或海绵蘸取使用。

粉底棒：粉底棒是一种慕斯状的粉底，使用起来非常方便，遮瑕效果从中等至高等不等。它效果持久、耐热，也可以作为面部和身体的遮瑕膏使用。

矿物质粉底：矿物质粉底不含香料和化学成分，适合敏感型或者粉刺型皮肤。市面上的矿物质粉底有密实型、散粉状和液体的形式。它的遮瑕效果由低等到中等不等。

粉状粉底：粉状质地的粉底一般装在盒子里，配合粉底刷使用，遮瑕效果中等，使用起来非常便捷。

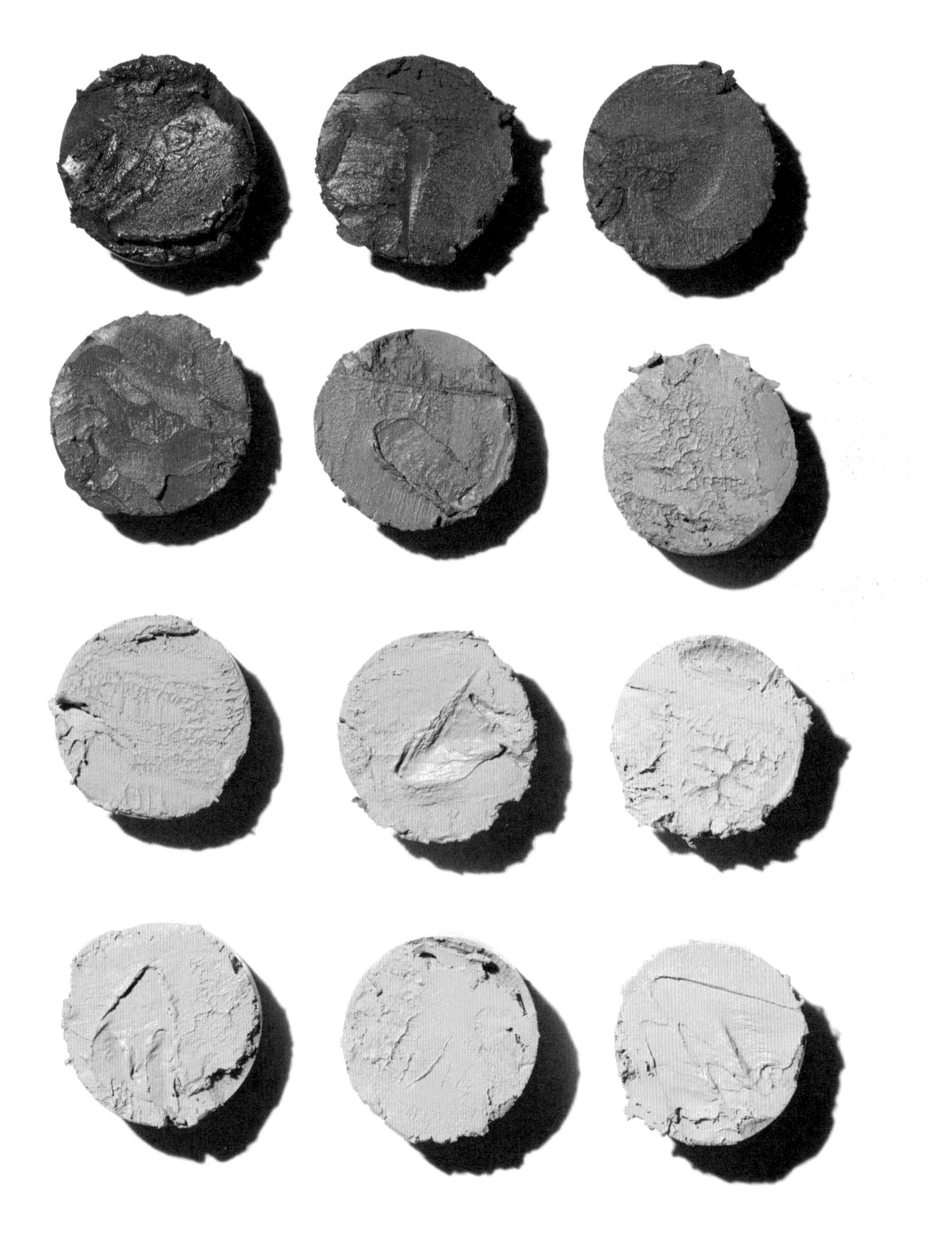

Warm Natural
Honey
Warm Honey
Golden
Warm Almond
Almond

遮盖效果

轻薄：如果你想要自然的妆容或者很幸运地拥有完美的肌肤，只要用一款轻薄的粉底就可以了。带修容效果的润肤霜可以为你提供最轻薄的覆盖效果，其次是液体质地的粉底。如果你的皮肤非常干燥，那就需要一种能提供保湿功效的带修容效果的慕斯质地的粉底膏。

中等遮瑕：大多数粉底具有中等遮瑕效果，足以遮盖肌肤，但不会太厚。许多粉状粉底、粉底液和粉底棒都具有中等遮瑕的效果。

完全遮瑕：这类粉底将达到完全覆盖你的皮肤，以消除所有肌肤缺陷的目的。晚妆或许多好莱坞复古妆容都需要有完全覆盖效果的粉底。许多粉状粉底、粉底液和粉底棒也具有完全遮瑕的效果。

光泽度

一旦你决定了粉底的遮瑕效果，接下来就需要考虑你皮肤的光泽度了。你喜欢珠光还是亚光？你需要有保湿效果的粉底，还是需要控制光泽的粉底呢？具有保湿效果的粉底会让你的皮肤焕发光彩，而亚光粉底可以起到控油的效果。液体配方的粉底可以起到很好的覆盖效果，而不会让皮肤看起来干燥或者出油。无油配方的粉底在炎热的天气里效果更加持久，是油性肌肤很好的选择。

粉底的颜色

通常情况下，你很难通过目测或者在手背或手臂上试用判断出粉底的颜色是否适合你的肤色。你必须涂在脸上试。具体的做法是在没有化妆的脸上进行尝试。选择3个接近你肤色的色调的粉底，并将它们涂抹在脸颊上的两条区域上。在自然光中对颜色进行查看，与皮肤贴合度最高的颜色就是最适合的粉底颜色。如果你的肤色在两个颜色之间，那就选择比肤色稍微暗一点的色号。如果你是油性皮肤，就要选择稍亮一些的色号，因为皮肤中的油脂会改变粉底的颜色。最重要的是选择一款带黄色基调的粉底，以匹配自然肤色。这适用于所有人的皮肤。

粉底的涂抹方法

我个人喜欢用手指打粉底。这可以让我很好地控制粉底的用量。而且我发现手指的温度使粉底拥有更好的延展性。我偶尔也会使用粉底刷，它用起来也很方便。

修容霜和遮瑕膏

这两种产品结合起来可以很好地遮盖黑眼圈，调整肤色。我总是说修容霜和遮瑕膏是美容界的两个秘密武器，它们起到提亮眼底区域并即时隐藏黑眼圈的作用。如果要遮盖脸部瑕疵，你需要一款有针对性的遮瑕膏或遮瑕笔。

类型

修容霜：修容霜一般是粉色或蜜桃色，能修饰眼睛下面暗沉的区域，提亮肤色。如果你的肤色较浅，选用粉红或双色修容霜，也可以用蜜桃色修容霜将肤色调节为暖色调。较深的肤色应选择较暗的橘色修容霜。太亮或发白的修容霜，可以搭配较暗的阴影粉使用。如果你的修容霜看起来太黄，最好改用淡一些的色号。

眼底遮瑕膏：眼底遮瑕膏可以帮助我们改善眼底暗沉。用于遮盖眼底区域的遮瑕膏应该选择比肤色稍浅一些的黄色。如果你想让遮瑕效果更持久，最好选择容易被皮肤吸收的乳液质地的遮瑕膏。含乳清配方的遮瑕膏遮盖效果极强并且有很好的保湿效果，不容易使脸部显现肌肤细纹。

瑕疵遮瑕膏：千万别用眼底遮瑕膏来遮盖脸部瑕疵，那只会让你想要隐藏的瑕疵更加突出。应使用专为遮盖面部瑕疵而设计的遮瑕膏遮盖瑕疵和红血丝。你可以直接使用涂抹棒将它涂抹在脸上，或者用手指蘸取后在瑕疵部位抹匀。这一步要在使用其他遮瑕产品前进行。

遮瑕笔：如果你想要快捷地实现肤色均匀，最好配一支与你的肤色贴近的遮瑕笔。如果想要遮盖斑点，减轻有局部阴影的效果，最好选择一支比你的肤色浅1 ~ 2个色号的遮瑕笔。如果你想要遮盖红血丝，最好选择与你的肤色接近的色号，并将该遮瑕笔直接涂抹在你想提亮的地方。

遮瑕产品的使用方法

修容霜和遮瑕膏一般被设计成分层的形式，修容霜位于上方，下面是遮瑕膏。可以用手指或刷子直接涂抹，然后用手指抹匀，再轻轻拍打皮肤，最后在上面刷上黄色调散粉。如果你肤色很白，白色调散粉可能更加适合你。如果你皮肤较黑，试一试蜜桃色散粉。最好在面部的不同区域使用不同色调的散粉。

散粉

使用散粉能使皮肤焕发光彩，增加上妆效果，是让遮瑕膏和粉底长效持久的最后一步。如果你属于干性皮肤，可以跳过这一步，因为散粉会让皮肤变得更加干燥。

散粉的种类

有两种类型的散粉：粉饼状和粉末状。粉饼状散粉被压制成粉饼型（一般带有一面镜子），非常实用。粉末状散粉呈现松散的粉末状，使用范围更广。

散粉的颜色

对大多数人来说，黄色调的散粉有助于减少红血丝，并且让面色红润。最好是选择与你的肤色相匹配的散粉。如果你属于油性皮肤，使用散粉之后会变暗，所以要选择颜色稍微亮一些的散粉。

散粉的使用方法

不需要大量涂抹散粉。对大多数女性来说，只要轻轻擦一点就可以使T区闪闪发光。你可以使用散粉刷来将它轻轻地刷在脸上。如果你的皮肤很油，最好使用粉扑将散粉涂抹在整个面部。

阴影粉

阴影粉是帮助你打造立体、健康妆容的非常出色的产品。这是每个人包括许多男人在内都喜爱的产品。我最喜欢的阴影粉都以时尚名人的名字命名，比如演员Eric Stonestreet（埃里克·斯通斯特里特）、电台主持人Elvis Duran（埃尔维斯·杜兰）等。

阴影粉的种类

阴影粉分为液体型、啫喱型和粉末状。亚光阴影粉使用起来最方便，并且白天和夜晚都可以使用。带闪粉的阴影粉更适合夜间使用。啫喱型阴影粉一般颜色更深。

阴影粉的颜色

浅棕色的阴影粉带有淡淡的粉红色和珊瑚色，适合缺乏血色的皮肤。普通肤色的皮肤适合粉红色或褐色珊瑚等中等颜色的阴影粉。皮肤黝黑的女性应该选择带有蓝色或红色调（比如深褐色）的阴影粉。阴影粉分为带闪粉型和亚光型。看上去太红、橙色或灰白色的阴影粉都不是很好的颜色。

阴影粉的使用方法

使用粉状阴影粉时，可以使用一支较大的扁平状粉刷将它刷在脸颊的苹果肌上。然后在鼻翼、下巴和额头等在自然光下有阴影的部位打出阴影效果。另外，它也适用于颈部。

如果是啫喱状或霜状阴影粉，可以用手指或海绵直接涂抹。从面颊的苹果肌开始，向外朝着发际线涂抹。注意，一定要涂得自然。我个人喜欢在使用阴影粉之后再刷上一款较明亮的腮红。

腮红

腮红能够让每个人都看起来更漂亮。它能增加血色，让脸型更加完美。最接近你脸颊自然红润时的颜色是最好的日常妆容的腮红颜色的选择。更加明亮的粉色或珊瑚色腮红或阴影粉保持时间会更长。对于晚妆，你可以选用更亮丽的腮红。

腮红的种类

腮红分为粉状、乳霜状和啫喱状。粉状腮红最容易使用。使用啫喱状腮红后光泽感更强。乳霜状腮红会让妆容看上去更加自然。但啫喱状和乳霜状腮红都需要仔细混合。

腮红的颜色

粉色调和冷色调的腮红能够为缺乏血色的皮肤带来令人惊叹的妆容效果。对于肤色稍微深一些但仍然很白的皮肤，最好选择淡粉色的腮红。对于容易晒黑的皮肤，则应选用带有棕色调的淡黄色和粉色搭配的腮红。对于黝黑的皮肤应该选择接近玫红色的腮红。对于更深的肤色，则应选用红色调腮红，以达到完美的妆容效果。

腮红的使用方法

对着镜子微笑，用腮红刷将腮红刷在苹果肌上，一直刷至发际线，让它与皮肤自然融合，直到颜色看起来完全自然为止。然后在苹果肌上再刷上一层鲜艳的颜色。

对于啫喱状或乳霜状腮红，可以用手指轻轻涂抹在苹果肌上，并朝着发际线抹匀。注意一开始只需少量涂抹，充分混合后，再慢慢添加，直到达到理想效果。

眼线

无论你想打造夸张一些的妆容还是想让你的眼睛更加突出，画好眼线都是关键。

眼线的种类

按眼线的质地分为液体状眼线工具、粉末状眼线工具和啫喱状眼线工具等各种类型。每种类型的眼线工具都会带来不同的妆容效果。

眼线笔：眼线笔很容易使用。标准的眼线笔可以画出轻柔的眼线，适合打造自然的眼妆。如果你想画出更加明显的眼妆，可以选择啫喱状的眼线笔。Kajar（卡亚）草本眼线液笔可以画出略带烟熏效果的性感的妆容。长效眼线笔可以保持一天不掉妆，适合在温暖潮湿的气候下使用。

啫喱状眼线工具：啫喱状眼线工具可以画出明显清晰的眼线，防水效果很好，适合长时间保持妆容。一般用小小的容器包装，使用时会用到一支小眼线刷。

粉末状眼线工具：粉末状眼线工具可以画出柔美的眼线。你可以根据需要增加眼影的用量，使眼线更加持久。如果干刷，眼线会比较柔和。如果用稍微潮湿的眼线刷涂抹，会使化出的眼线更加清晰。

眼线液：眼线液装在一个带有刷子的细管中，可以画出非常清晰的线条。想要熟练地使用眼线液，需要一定的耐心和反复的练习。

眼线的使用方法

你可以根据想要打造的妆容尝试各种类型的眼线。

眼线笔的使用方法

想要画出最适合你眼睛的时尚的眼线，你只需要一支小小的眼线笔。这是所有的化妆技巧中让人感觉最难掌握的技巧之一。但一旦你掌握了，就会觉得很容易。

1. 从眼睛的外眼角开始沿着睫毛根部画出一条线，一直到内眼角。注意画出的眼线要尽可能接近睫毛根部。

2. 将画出的眼线填平，使其平滑均匀，确保填满睫毛根部的空隙。

3. 如果你想要更柔和的效果，用手指或刷子在画好的眼线上轻轻涂抹。

斜角眼线笔的使用方法

斜角眼线笔能够化出更加夸张的眼部妆容。它是一支薄薄的锥形刷，可以配合各种质地的眼线使用，但最适合的是啫喱状质地眼线。

1. 从外眼角开始沿睫毛根部画出一条眼线，直到内眼角，调整眼线宽度，越往内眼角线条越细。

2. 为了画出上翘眼线，从外眼角向外拉出延伸线，使它向上卷翘，并逐渐变细。确保两只眼睛画出的眼线对称。

注意：拉出的眼线长度取决于你的需要。你可以把它画得更长、更直，或者更加上翘。

下眼线笔

如果你想加强眼妆效果，可以试着画出下眼线。下眼线的颜色最好比上眼线的颜色稍淡，以便让眼妆看起来立体感更强。

1. 啫喱状质地眼线和眼线液对于下眼线来说太过强烈，因此最好用眼线笔或眼线粉画下眼线。用眼线笔或眼线粉在靠近外眼角的睫毛根部画出一条很细的眼线。

2. 注意在外眼角处将上下眼线连接起来，以达到增大眼睛的效果。

注意：如果你的黑眼圈较重，最好跳过这一步。替代的方法是在下睫毛上使用防水睫毛膏，而不要画下眼线，因为它会让眼下区域变得更暗沉。

叠加眼线

你可以通过使用不同的眼线工具画出有叠加效果的眼线。比如先用一支细细的眼线笔画出眼线，再刷上眼线粉，创造出略微晕染的线条。或者在眼线笔上涂上一层眼线粉或眼线膏以画出夸张的眼妆。

细节眼影刷
眼线笔
眉刷
唇刷（唇线笔）
晕染用眼影刷

眼影

每个女人都应该拥有一套眼影组合，它能让你轻松打造出深邃的眼眸，或者化出烟熏效果的眼妆。

眼影的种类

眼影粉是最常见的眼影种类。这种眼影容易涂抹，也方便分层叠加出不同效果的眼妆。眼影膏的色彩更加浓厚，效果更加持久。眼影粉的光泽度分为亚光、半亚光、微光、闪光和金属等。眼影膏比较润泽，并带有一点光泽度。眼影粉也可用来画眼线和眉毛。眼影膏可以用手指直接涂抹，也可配合使用专用的眼影刷。

眼影的颜色

选择眼影颜色没有正确与否，而应该完全根据你个人的喜好。画基础眼妆时应该先用浅色眼影打底，起到提亮眼部的作用。对于白皙的皮肤，我推荐使用白色或肉色眼影进行打底。香蕉色或桃色色调眼影则比较适合较深的皮肤。然后你可以在上面覆盖一层较深的眼影。如果你有红血丝，最好不要选择红色或紫色色调作为底色，因为这些颜色会更加凸显肌肤的问题。

眼影的使用方法

画眼影有许多方法。总的来说，涂眼影不必太复杂。我喜欢用靓丽的颜色搭配黑色眼线和睫毛膏。浅色眼影可以用来提亮眼部，再搭配较深的颜色打造立体的效果。

如果你想用2 ~ 3种颜色打造眼妆，最保险的方法是，用眼影刷上底色，再在下眼线至双眼皮的折痕处刷上中间色。你可以就此完成你的眼妆，或者在折痕以下再刷上更深一些的第三种颜色以打造出烟熏妆效果。可以用湿润的眼线笔蘸取最深的眼影来画眼线。

睫毛膏

睫毛膏可以方便快捷地让你的双眸美丽动人。

睫毛膏的种类

市面上有许多不同类型的睫毛膏，可以将它们分为4个基本的类别：卷翘型睫毛膏可以让睫毛持久卷翘；增密型睫毛膏可以使睫毛更加浓密；增长型睫毛膏能够制造出拉长睫毛的效果；持久的防水睫毛膏持续时间最长，可以让妆容保持一整天。

睫毛膏的颜色

睫毛膏并不都是黑色的。如果你有金发或浅红色头发，想要打造非常自然且与众不同的妆容，可以选择深棕色睫毛膏。否则，应该尽量选择最黑的睫毛膏。

睫毛膏的使用方法

将睫毛膏均匀地涂抹在整个睫毛上。对于自然的妆容只需要刷1～2遍。如果你想让眼妆效果更加明显，则需要刷3遍以上。下睫毛只需要刷1遍。

你也可以尝试使用不同的睫毛膏叠加涂抹的方法，以打造出不一样的妆容效果。具体方法是先刷一种颜色的睫毛膏，让它干燥一分钟，然后再刷第二种颜色。（不同颜色的睫毛膏使用的顺序不同还会给你带来不一样的效果。）

完美唇妆

每个女人都应该拥有一支适合自己的唇膏，方便随时补妆。使用不同颜色和质地的口红可以快速改变你的妆容。

口红的种类

口红的质地非常重要。唇膏一般呈现滋润的半亚光，亚光唇膏则更加致密，呈现亚光效果也更加持久。透明的唇膏提供了一个让你添加最喜欢的颜色的选择。唇彩提供高保湿和光亮的效果。也可以在唇膏上涂上一层唇彩，以增加光泽度。唇膏棒色彩浓厚持久。唇膏笔可以描画出细致持久的唇线。

口红的颜色

选择口红颜色应该基于3个因素：你的风格、你的自然唇色和你的肤色。

你可以轻轻咬一下嘴唇，然后试着找到一支与你的嘴唇颜色最匹配的颜色。适合的口红颜色会提亮你的肤色，使眼睛看起来更加明亮。一般来说，看上去最自然的色调应该是与你的唇色相匹配或略深一些的颜色。尽量不要选择比你的唇色更浅的颜色，尤其是那些灰色或米色色调的口红，因为这些颜色会让你显得精神萎靡。

正式场合应该选择经典的红色、紫红色或明亮的橙色之类的色彩强烈的口红。我从不根据衣服的颜色来搭配唇膏，相反，我更重视颜色的平衡与和谐。如果你穿着艳丽的衣服，应该选择稍微素雅的口红颜色。相反地，亮粉色口红则应搭配海军蓝、灰色或白色服装。

口红的使用方法

无论你使用唇刷还是直接涂抹口红，都要确保将口红涂在唇线之内，唇膏棒可以画出更细致的唇形，适合色彩浓烈的颜色。涂口红的方法很多，你可以将口红涂满整个嘴唇，也可以只涂下嘴唇，然后轻轻抿上下嘴唇。你也可以先涂少量的唇膏，再用唇彩涂匀。你可以在整个嘴唇上画上唇线，再涂唇膏使颜色更加持久，也可以先涂唇膏，再画唇线。

描眉

眉毛经常被忽略，但好的眉形能够让你的妆容更加完美。正确的眉形可以突出你的脸部特征，使你的眼睛变得更加有神。试着按以下步骤进行：

用眉毛刷轻刷眉毛。

用修眉剪或小剪刀修剪杂乱的眉毛，并修出你想要的眉形。

用镊子按照眉毛的自然形状去除杂乱的眉毛。不要修剪得太过分，因为太细的眉形看起来很不自然。可以让专业人士帮你修出完美的眉形，然后自己按照这个眉形进行日常修剪。

用刷子蘸取眼影或眉粉，或者用眉笔填充眉毛间的空隙，使眉形更加完美。描眉的眼影或眉笔应该选择与你的眉毛颜色相同的色调。如果你是黑色的头发，选择稍微柔和一点的眼影或眉笔颜色，比如深灰色、棕色、深棕色或黑色。如果你是金发碧眼，请使眉毛保持一样的色调。描眉时从眉毛内侧角开始，笔直地向上刷。沿着眉毛其余部分的形状刷过，用眼影粉将眉毛的间隙全部填满。如果仍然有一些没有填满的地方，使用眼线笔将空隙填满。

用眉毛定形器驯服不规则的眉毛。这是一个带毛刷的小棒，可以用它将眉毛刷平，必要时可以使用一点啫喱帮助固定凌乱的眉毛。

刷眉

用眉笔填充眉毛的空隙

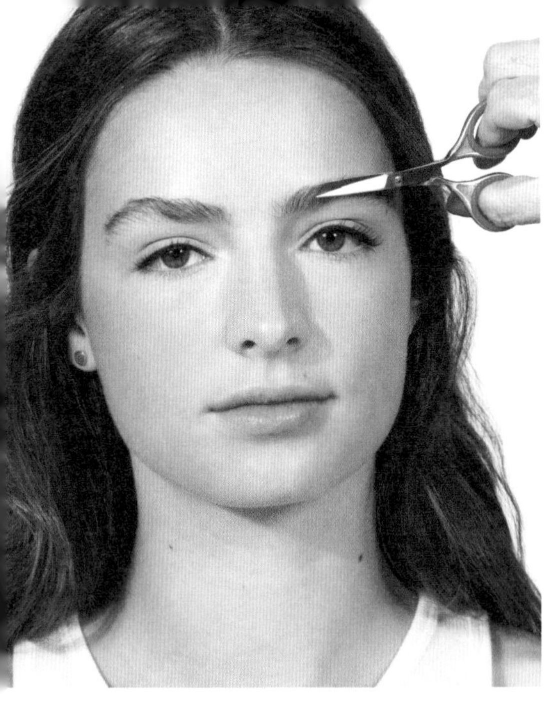

修剪

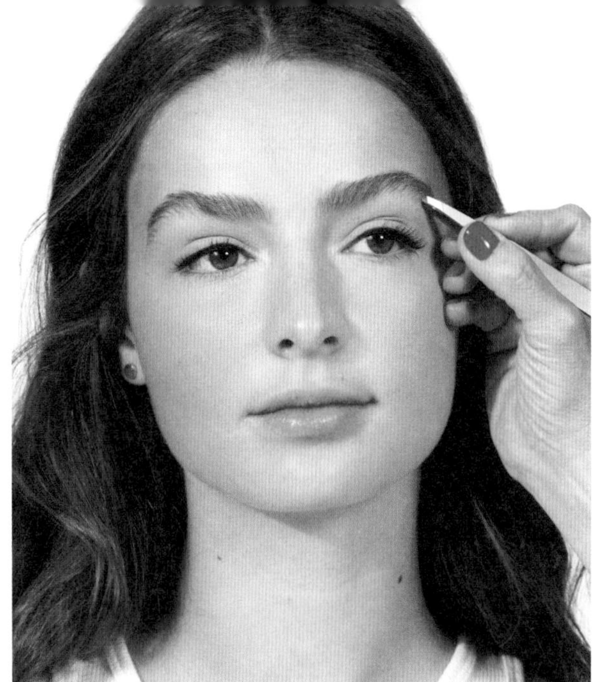

用镊子除去杂乱的眉毛

刷平

定型

7 美丽妆容

一旦你掌握了化妆的基本技巧，就可以创造出不同的妆容了。有太多令人惊奇的化妆技术、不同质地的产品和颜色，你不必总是拘泥于同样的化妆方法。如果你的皮肤质地非常好，完全可以跳过粉底。如果你想要一种新的唇妆效果，可以在脸颊上涂上闪闪发亮的腮红，同时将它涂抹在嘴唇上。刷在颧骨上的散粉也可以抹在眼睑上，然后再刷上睫毛膏。打开思路，尝试各种新的方法和产品。下面将为你提供一些简单而现代的化妆技巧，以激发你的灵感。

冷艳妆容

不要因为一种化妆方式安全或简单就永远只采用这一种妆容。你应该每隔一段时间变换一种新的配色或化妆方式。尝试用一种新的技巧、一个炫酷的颜色，将为你带来完全不同的妆感。

正装唇妆

对于白色衬衫，我喜欢最简单的妆容搭配大胆的红唇。用修容霜打底，让皮肤散发出柔滑的光泽。在苹果肌上刷一些玫瑰色腮红打造红润的面色。用深咖啡色眼线膏画眼线，并刷上黑色睫毛膏完成眼部妆容。这款妆容的亮点在于大红色的唇膏。

配合眼镜的妆容

为了不让眼镜显脸大，需要用与眉毛颜色相近的眼影或眼线笔来加深眉毛。眼镜会凸显黑眼圈和眼睛下面红肿的区域，因此需要先在这些部位使用修容霜和遮瑕膏，并使用黄色调散粉。睫毛膏和黑色眼线可以使你的眼睛在镜片后显得更加美丽动人。

配合白发的完美妆容

对于灰白色头发，需要增强眼妆效果来转移注意力。先画眉毛，然后使用组合色彩的眼影。以白色作为底色，在上面刷上一层灰色或米色眼影，最后再刷上更深的灰色眼影。黑色眼线会显得太过突兀，因此最好改用炭黑色或者海军蓝眼线配上黑色睫毛膏。

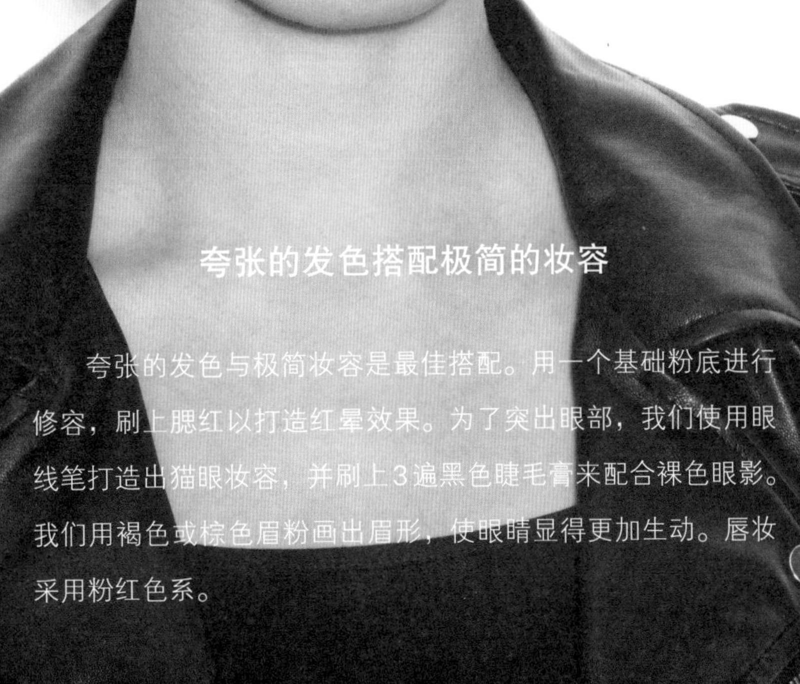

夸张的发色搭配极简的妆容

夸张的发色与极简妆容是最佳搭配。用一个基础粉底进行修容，刷上腮红以打造红晕效果。为了突出眼部，我们使用眼线笔打造出猫眼妆容，并刷上3遍黑色睫毛膏来配合裸色眼影。我们用褐色或棕色眉粉画出眉形，使眼睛显得更加生动。唇妆采用粉红色系。

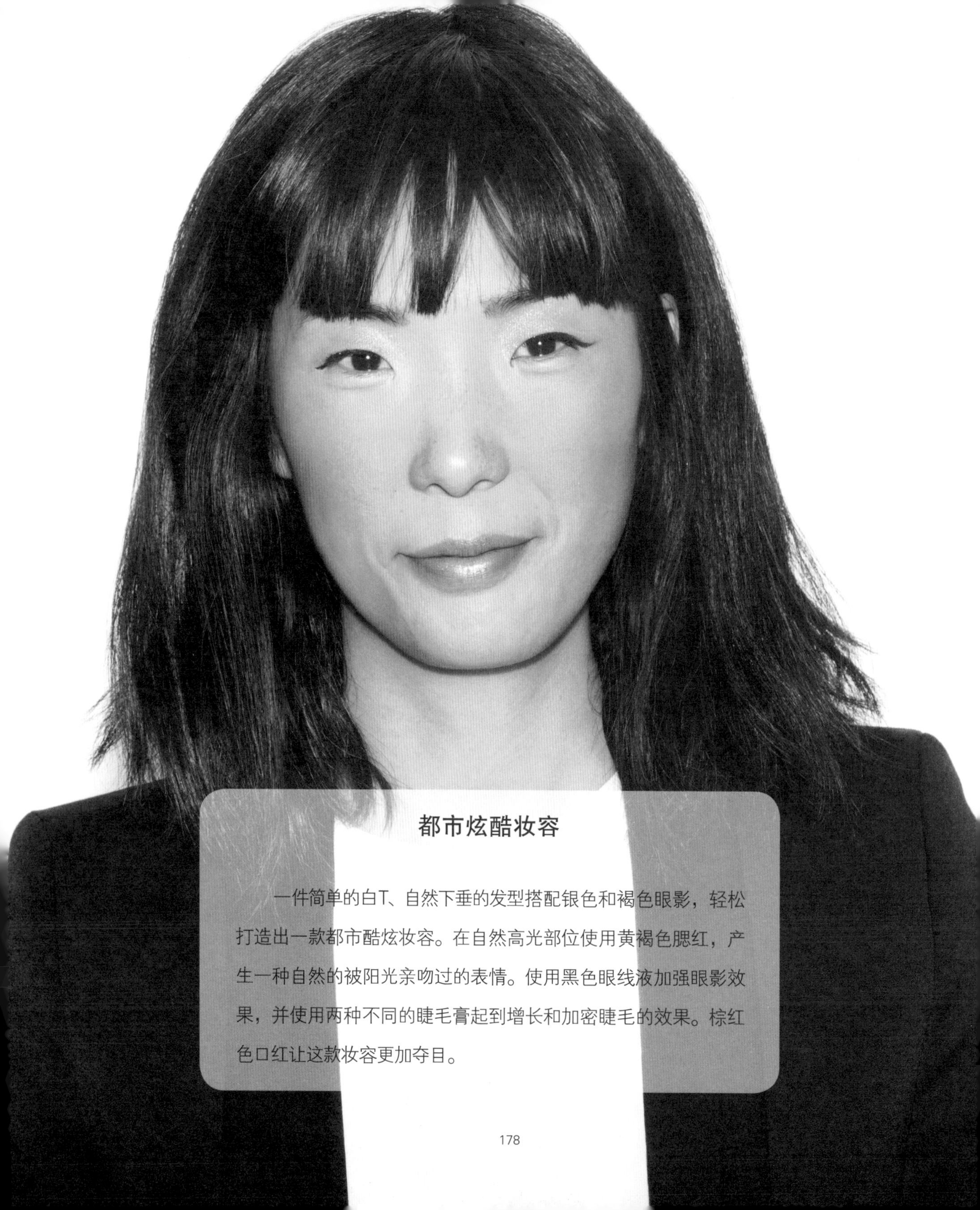

都市炫酷妆容

一件简单的白T、自然下垂的发型搭配银色和褐色眼影，轻松打造出一款都市酷炫妆容。在自然高光部位使用黄褐色腮红，产生一种自然的被阳光亲吻过的表情。使用黑色眼线液加强眼影效果，并使用两种不同的睫毛膏起到增长和加密睫毛的效果。棕红色口红让这款妆容更加夺目。

搭配亮片服饰的妆容

搭配亮片服饰的妆容不需要闪闪发光。这款妆容的窍门在于营造自然有光泽的皮肤。轻盈的粉底为肌肤赋予匀称自然的光洁度。眼睛下方用深桃色修容霜和杏仁色遮瑕膏稍做修饰。为了增加暖色调，提高面部的亮度，在脸颊上使用深色腮红，并用青铜色突出颧骨。

日常裸妆

一支黑色眼线笔、一支睫毛膏和一支腮红为脸颊带来些许红晕。不超过3分钟，你就可以轻松打造一款自然健康的日常裸妆。

橘红唇色妆容

看到一支明亮的口红会带来什么区别了吗？一支略带橙色的红色口红搭配明亮的橙色腮红就可以轻松打造出一款靓丽的出街妆容。

魅惑妆容

用略带粉底效果的润肤霜搭配遮瑕霜打造出完美肤色。再使用淡淡的粉红色腮红为肌肤增加自然血色。最后使用象牙色眼影、黑色眼线笔和睫毛膏打造出充满魅惑的猫眼妆容。

焕发自然光彩的妆容

黑色眼线液、浓密睫毛膏和有光亮质感的皮肤可以打造出一款摇滚裸妆。打造有光亮质感的皮肤时可以采用基础粉底配合修容散粉，然后在脸颊和额头上稍稍使用一些金属质感的修容散粉。最后画出小巧的裸唇为这款妆容增添淡淡的自然色彩。

基础眉形

画好眉形可以对妆容产生巨大的影响，让眼睛显得更美、更加有神。通常需要用两种色调的眉粉，使其与眉毛的自然颜色搭配起来。用刷子将较深的眉粉填充进眉毛最稀疏的部分，然后使用较浅的眉粉增加整个眉毛的丰满度。

都市靓丽妆容

银灰色闪亮的眼影膏、桃红色腮红和唇膏配合一个随意扎起的丸子头，轻松打造出一款现代都市妆容。这款妆容的关键是使用腮红膏打造出醒目的腮红。我使用了两种不同质感的睫毛膏，一种增加卷曲度，另一种增加睫毛长度，让眼妆效果更加明显。

聚会预备装

有时只需做一两件事就能使我们的妆容提高一个档次。Nadia（娜迪亚）的机车服和亮粉色唇膏看起来非常别致，Morgan（摩根）的耳环弥补了光泽感的不足。

改妆案例

化妆会为女人的容颜带来巨大的变化。新的美妆产品、不同的化妆技巧、不同的色调可以微妙地或者巨大地影响你的外貌。下面，我将为大家带来一些化妆前后的对比效果图，为大家提供一些灵感。

Veronica（维罗妮卡）

对于自然妆容，你只需要对需要的地方进行肤色的修正即可。我仅仅在Veronica的嘴边和额头上稍稍修饰了一下。我还用一支与她的眉毛颜色相匹配的眉笔填满了她自然浓烈的眉毛，并稍稍刷上一些眼影，搭配了一款深浆果色腮红和口红。

Katherine（凯瑟琳）

一些微妙的变化就可以打造出完全不同的妆容。首先用电热棒将头发稍稍烫卷。用略带黄色的修容霜和修容膏在眼睛下方区域修饰，并使用粉底打造出完美的肌肤质感。用眉刷理顺眉毛。选择与眉毛颜色相匹配的眼影填充眉毛，然后用眉刷定型。将眼影膏涂抹在眼睑上，黑色睫毛膏可以让眼睛恢复神采。用唇刷细致地涂上口红。

Veronica

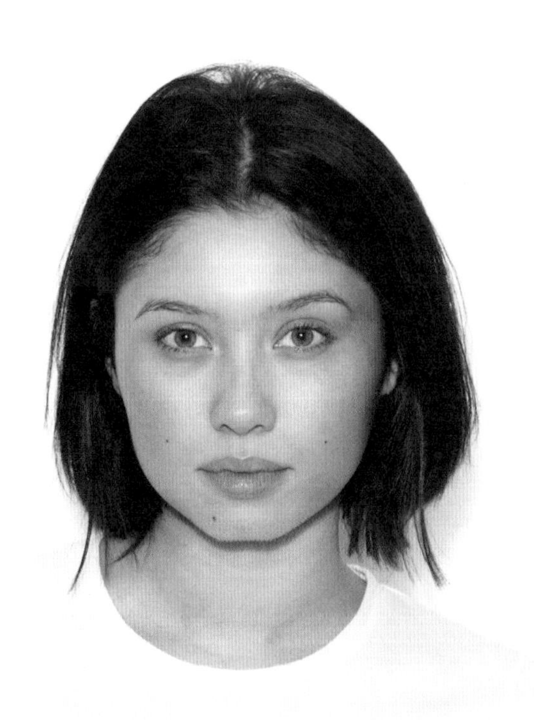

Katherine

Diane（黛安娜）

精致的妆容和淡粉色的色调能够使戴眼镜之后的容貌更加美丽。这款妆容的关键在于眼妆。我们采用非常纤细但明显的眼线来增强她眼睛的形状，并确保眼睛在镜片之后足够突出。

Ania（阿尼娅）

我们采用黄色调的修容霜调节红肿的皮肤。然后，用粉底棒轻轻涂抹，以确保肤质均匀、充满活力。我同时添加了色调校正散粉来调节肤色，确保肤色不再偏红。我采用灰褐色眼线，同时调整眉头，让它向上挑。使用色系相同的粉色腮红和口红。腮红的修饰使她的脸型变得更加完美。

Diane

Ania

Jessica（杰西卡）

加粗眼线

为了加强眼妆，用眼线笔描出一条明显的眼线直到眼睛外侧，与白皙的皮肤和漂亮的粉红色腮红完美搭配。

对付眼镜的妆容

如果你希望你的眼睛在镜框后面依然夺目，你可以用棕色或青色的烟熏妆让眼睛看起来更加漂亮。

大胆的唇妆

我喜欢使用色彩鲜艳的唇妆搭配修容霜、粉色腮红、睫毛膏和微微闪光的眼影。口红可以选用大红色。对于非常白皙的皮肤，可以选用明亮的粉红色或紫红色口红。对于稍暗的皮肤，可以试试橙色口红。深肤色适合棕红色口红。选择半亚光或全亚光口红，可以使妆容更加持久，但要确保口红不要太干，否则会显得嘴唇太过干燥。先用唇刷涂上口红，再用纸巾抿一下。

猫眼妆

如果你想加强眼妆效果，可以在日常妆容的基础上稍微将眼线画粗些。用刷子涂抹眼线膏效果最好。从外眼角向上延伸出去。猫眼妆与裸唇非常搭，记得同时淡化腮红。

加粗眼线

大胆的唇妆

对付眼镜的妆容

猫眼妆

Anna（安娜）

搭配粉色服装的可爱妆容

为了搭配一件简单的粉色套头衫和随意扎起的马尾辫，粉红色腮红和口红与有光泽感的皮肤看起来恰到好处。

经典妆容

一件清爽的白衬衫是最好的打扮，妆容搭配也不必太复杂。在这里，用柔和的灰色眼影和黑色睫毛膏修饰出眉形。裸粉色腮红和口红简单而典雅。自然的波浪形卷发更加适合这个妆容。

简单的烟熏妆

想要一种更简单的烟熏妆吗？推荐你使用眼影膏，因为它更容易搭配和使用。先使用象牙色眼影膏涂抹整个眼睑，然后在褶皱中加上一层灰紫色眼影膏，并在眼睛外角使用一层青灰色眼影膏。使用眼影刷刷一条灰色下眼线。画出黑色上眼线和刷出黑色卷翘型睫毛。裸色唇妆和灰粉色腮红能让眼妆更加突出。

闪亮妆容

你的妆容应该反映你的风格。这款妆容适合运动和酷炫的造型。颧骨上使用腮红膏加上闪亮的散粉，并轻轻将其涂抹在额头上，使面部焕发光彩。这种闪亮的妆容最好搭配简单的眼妆（只需画眼线和刷睫毛）和漂亮的裸唇妆，比如安娜这样的粉红色或玫红色唇妆。

搭配粉色服装的可爱妆容

经典妆容

简单的烟熏妆

闪亮妆容

Mollye（莫利埃）

典型妆容

如果你想要打造一种更加靓丽的妆容，那最好采用经典的白色、灰色和青色眼影搭配裸粉色唇妆。为了打造出清晰的眉形，先用眉刷理顺眉毛，选择与眉毛颜色相匹配的眼影粉，用眉刷将其填满眉毛空隙，然后用眉毛凝胶进行固定。将脸部旁边的头发中段卷成波浪状。

高光泽妆容

需要用遮瑕膏进行局部修饰，再使用遮瑕膏和粉底棒打底。在眼睑上刷上裸色或玫红色眼影，然后用巧克力色眼线笔画出上眼线。用手指将眼影涂抹均匀，并在嘴唇上涂上透明唇彩。

复古妆容

想要打造20世纪60年代的复古妆容，可以使用贴合肤色的粉底棒和米色唇膏。选这种颜色的唇膏是因为它不是太白，而是略带粉色。清晰的眼妆和粉色腮红让这款妆容非常时尚，不显过时。遮挡脸型的刘海能够更加突出这款妆容。

光洁的妆容

红色唇彩和光滑的马尾让这款妆容简洁而充满时尚感。先拉直头发（你需要用电热棒拉直头发），然后将头发侧分，再将所有头发在后面扎成马尾。

典型妆容

复古妆容

高光泽妆容

光洁的妆容

Sarmisata（萨米萨塔）

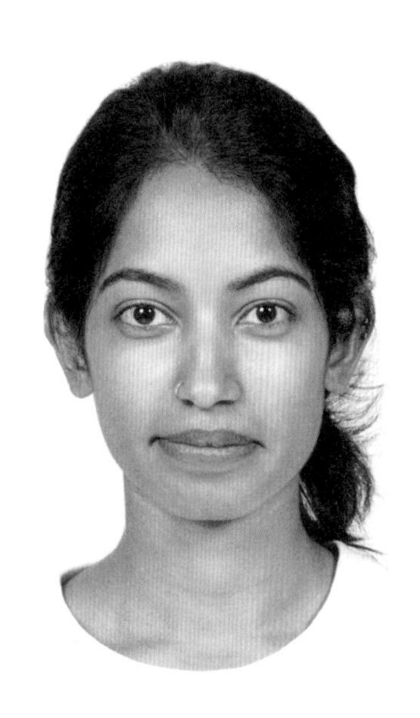

大胆的唇妆

大胆的唇妆适合夜晚外出。为了加强唇妆效果，我们选用了深紫红色的唇彩笔。它的效果更加持久，整夜都不会脱妆。

简单的靓丽妆容

通过画眼线、刷睫毛膏、涂奶油色唇膏和在颧骨上轻轻刷出高光，在5分钟内打造出简单的靓丽妆容。

亚光妆容

笔直的发型打造出复古造型，清新的妆容使这样的发型更加引人注目。

周末外出妆容

先使用带修容效果的保湿霜、防晒霜、眼霜，然后使用修容霜和遮瑕膏调整肤色，刷上睫毛膏使眼睛更加明亮。浆果色腮红增添自然红晕。

简单的靓丽妆容

亚光妆容

周末外出妆容

大胆的唇妆